いちばんやさしい

5G
ファイブ ジー

人気講師が教える 新しい移動通信システムのすべて

の教本

JN026572

インプレス

Profile

著者プロフィール

藤岡雅宣

1998年エリクソン・ジャパン入社、IMT2000プロ
ダクト・マネージメント部長や事業開発本部長と
して新規事業の開拓、新技術分野に関わる研究開
発を総括。2005年からCTO。前職はKDD（現KDDI）
で、ネットワーク技術の研究、新規サービス用シ
ステムの開発を担当。主な著書：『ISDN絵とき読
本』（オーム社）、『ワイヤレス・ブロードバンド教
科書』（インプレス）、『5G教科書 ―LTE/IoTから5Gま
で―』（インプレス）（いずれも共著）。大阪大学工
学博士

● **購入者限定特典　電子版の無料ダウンロード**

本書の全文の電子版（PDFファイル）を以下のURLから無料でダウンロードいただけます。

ダウンロードURL：**https://book.impress.co.jp/books/1119101066**

※画面の指示に従って操作してください。
※ダウンロードには、無料の読者会員システム「CLUB Impress」への登録が必要となります。
※本特典の利用は、書籍をご購入いただいた方に限ります。

はじめに

5Gの商用サービスが世界中で始まっています。2018年10月の米国ベライゾンを皮切りに、韓国、欧州諸国、中東諸国、オーストラリア、中国などの移動通信事業者が2019年内に5Gサービスを開始しました。日本でも、2020年春から5Gサービスが始まります。その後5Gは急速に広がり、2025年には世界で89億ある移動通信の加入件数のうち3割近くの26億が、5Gに加入すると予測されています。

5Gは第5世代移動通信という意味ですが、4Gすなわち第4世代までの移動通信は携帯電話やスマートフォンなど、人が使うサービスが中心でした。一方5Gについては、人が使うだけではなく、産業界での用途も大きな比重を占めると想定されています。いわゆるIoT（Internet of Things）は、メーターや器具などさまざまなモノをネットワークとつなげ、測定を自動化したり、得られたデータを処理して新たなサービスを実現しようというものですが、5GはこのIoTを拡張して、デジタルトランスフォーメーションによる産業革新を支える基盤となることを目指しています。

このような背景から、本書は移動通信サービスに興味がある人たち、移動通信の基礎技術を身につけたい人たちはもちろん、あらゆる産業界で5Gを利用して改革をしたいと考えている人たちも対象として、5Gの基礎技術から応用の仕方までを理解していただくことをねらいとして執筆しました。移動通信ネットワークの構成や各装置の役割、通信経路設定の流れ、移動しても通信が途切れないしくみなどから始まって、5Gで実現されるコンシューマー向けのサービス、産業界での利用シーンまで、広く解説しています。最後には、5Gの進化と5G以降のネットワーク、それを支える技術まで、将来の展望も含めてまとめました。

5Gは非常に大きなポテンシャルを持っています。しかし、これをどう活かすかは、ネットワークを構築する通信事業者やサービス提供業者だけではなく、日常生活の中でこんなサービスがあったらいいなとか、日々の仕事の中でこんな風にして作業の効率化や自動化が図れないかと考える読者の皆様にかかっています。そのような面で、本書の内容が少しでもヒントになりましたら幸いです。

2019年12月　藤岡雅宣

いちばんやさしい 5G の教本

人気講師が教える
新しい移動通信システムのすべて

Contents
目次

Chapter 1 5Gとは何か?
page 11

Chapter 7 産業界における5Gの利用シナリオ

page 139

Chapter

1

5Gとは何か?

5Gは、今まさに世界中で導入が進み
つつある新たな世代の移動通信シス
テムです。VRやARといった一般ユー
ザー向けのサービスの提供だけでは
なく、さまざまな産業界での利用が
期待されています。

[デジタルトランスフォーメーションと5G]

01 5Gがもたらす 真のデジタル社会

このレッスンの
ポイント

「5Gが貿易摩擦の原因となる」といったニュースなど、5G
は国家戦略や政治といった切り口でも話題になっています。
最初のレッスンでは、5Gの特徴と、なぜ世界で先を争うほ
どのデジタル社会の基盤となるのかを理解しましょう。

○ 世界中で推進されるデジタルトランスフォーメーション

現在、世界各国でデジタルトランスフォーメーション（Digital Transformation）が進められています（図表01-1）。これは、デジタル化により産業や公共事業の効率化、それに新たな価値を創造しようとするものです。ドイツのIndustrie 4.0や米国を中心としたIndustrial Internetは、その典型的な試みです。中国では「中国製造2025」として、デジタル化により製造業

を中心とした産業革新を進めようとしています。日本でもSociety 5.0という構想を打ち出しており、サイバー空間とフィジカル（現実）空間の融合、つまり現実の世界をコンピュータ上でモデル化して課題の洗い出しや解決策の探求を行うことにより、経済発展と社会的課題の解決を両立する人間中心の社会を構築するとしています。

▶ 各国のデジタルトランスフォーメーション構想 図表01-1

名称は異なるが各国でデジタルトランスフォーメーションへの取り組みが活発化している

デジタル社会における5G

次世代の移動通信システムである5Gは、デジタルトランスフォーメーションにおいて非常に重要な役割を果たします。これまでの移動通信システムは、主にスマートフォンでの電話や多様なアプリケーションなど、人が使う通信サービスで利用されてきました。近年、IoT（Internet of Things）という言葉で表されるように、車や機械などのさまざまなモノに通信機能をつけて社会全体の効率化を図ったり、利便性を高めたりするといった使い方が増えてきています。5Gは、このIoTをさらに発展させていくための基盤となること

が期待されています。

5Gは、図表01-2に挙げた3つのシナリオが想定されています。スマートフォンアプリなど人が使うモバイルブロードバンドの高度化（eMBB＝enhanced Mobile Broadband）、メーターやセンサーなど大量のデバイスを利用するIoT（mMTC＝massive Machine Type Communications）に加えて、工場での機械の制御や遠隔手術のようなミッションクリティカルなIoT（URLLC＝Ultra-Reliable & Low Latency Communications）で特にURLLCはさまざまな産業界での利用が期待されています。

▶ 5Gの利用シナリオ 図表01-2

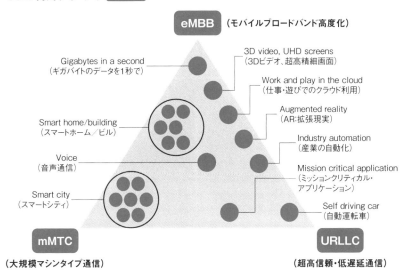

この図は5Gの3大分野とさまざまな利用シナリオの関係を表している

eMBB、mMTC、URLLC の3つのキーワードは今後何度も登場するので、覚えておいてくださいね。

Lesson 02 ［移動通信の歴史と世代］
これまでの移動通信のあゆみ

**このレッスンの
ポイント**

移動通信は1Gの電話サービスから始まり、やがてデータ通信が大きな割合を占め、3G以降ブロードバンド（高速・大容量）化が進んできました。ここでは、5Gに至るまでの移動通信システムの歩みを振り返ってみましょう。

○ 移動通信システムの変遷

私たちは、スマートフォンなどを通じて、音声通話はもちろん、メールやメッセージの送受信、動画のリアルタイム配信、インターネットへの接続など多くの情報をやりとりしています。単にデータを送受信できるだけでなく、あらゆる場所で、移動しながらでも通信できるこの仕組みは、「移動通信システム」によって支えられています（レッスン3で解説）。

今でこそ多岐にわたるデータをやりとりしていますが、移動通信システムは、1979年に日本において電話機を自動車に搭載する形態でスタートしました。これが「1G」（1st Generation、第1世代）の移動通信システムになります（図表02-1）。やがて端末の小型化が進み、1990年頃に始まった「2G」では本格的な携帯電話サービスがスタートします。以降およそ10年ごとに世代を重ね、2000年頃に始まった3Gでは、ブロードバンドがモバイル通信にもおよび、携帯電話からのインターネット利用や静止画像の送受信が当たり前となりました。2010年には4Gが開始され、動画など大容量のコンテンツもやりとりできるようになりました。

▶ **移動通信システムの世代** 図表02-1

モバイル電話 初期	モバイル電話 普及	モバイル ブローバンド初期	モバイル ブロードバンド発展	大容量化と 産業応用
1G	**2G**	**3G**	**4G**	**5G**
1980年頃〜	1990年頃〜	2000年頃〜	2010年頃〜	2020年頃〜

移動通信システムは、自動車電話の1Gから始まり約10年ごとに世代を更新している

● 移動通信技術の進化

移動通信技術の進化は 図表02-2 のように、無線方式の進化と表裏一体です。無線方式は、1Gは音声の波をそのまま電波に乗せて送るアナログ方式でしたが、2Gからデジタル方式になりました。デジタル方式では、音声信号を含むすべての信号（たとえば音の強さなど）を0、1の数値で表すデジタル信号に変換してから電波に乗せて送ります。その代表的な例が、欧州を皮切りに世界各国に導入が進んだGSM（Global System for Mobile Communications）です。デジタル化によってデータ通信を行うことが容易となり、1990年代後半にはインターネットとの親和性のよいパケット方式が導入されました。日本で1999年に始まったiモードやEZwebといったサービスはパケット通信によるものです。

初期の2Gパケット方式は通信速度が最大数10kbps程度でしたが、2000年代のWCDMA（Wideband Code Division Multiple Access）に代表される3Gになると数百kbpsになり、さらに2010年代のLTE（Long Term Evolution）を利用する4Gで数10Mbpと飛躍的に速度が向上しました。また、世界全体で見ると2G、3Gでは複数の異なる無線方式が混在していましたが、4GではほぼLTEのみに収束しました。

LTEの進化版であるLTE-Advancedでは1Gbpsを超える通信速度が実現されていますが、5GではさらにNR（New Radio）という無線方式で10Gbpsを超える最大通信速度を実現します。

▶ 移動通信技術とサービスの進化 図表02-2

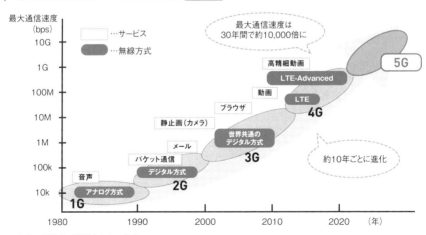

出典：総務省の資料をもとに作成

世代を重ねるごとに通信速度が向上し、2Gの数10kbpsからLTE-Advancedの数100Mbpsまで約1万倍に

Lesson [移動通信ビジネスのしくみ]

03 移動通信のプレイヤーと それぞれの役割

このレッスンの
ポイント

移動通信には、モバイル端末、ネットワーク、アプリケーションなどに関連するさまざまなプレイヤーが関わっています。ここでは、どのようなプレイヤーがいるのか、また各プレイヤーの役割は何かを理解しましょう。

⬤ 移動通信のネットワーク

移動通信システムは、図表03-1のようにさまざまな装置からなるネットワークです。端末が無線で直接接続する無線基地局や、データの配送を行うパケット処理装置などの複数の装置から構成されます。私たちが利用するスマートフォンなどの端末に対して電話の通話を接続したり、

さまざまなアプリを利用するためにインターネットへ接続したりするといった役割を果しています。無線基地局からなる部分のネットワークを無線アクセスネットワークと呼び、パケット処理装置などからなる部分のネットワークをコアネットワークと呼びます。

▶ 移動通信ネットワークの構成 図表03-1

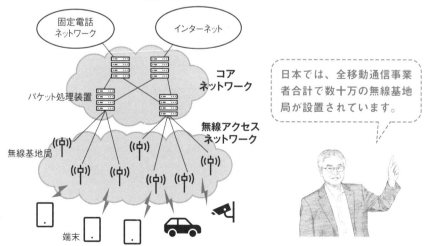

日本では、全移動通信事業者合計で数十万の無線基地局が設置されています。

全国どこでも移動通信が使えるように、無線アクセスネットワークは全国に張り巡らされている

⬤ 移動通信サービス

移動通信サービスを提供するのは、ドコモ、KDDI、ソフトバンク、楽天モバイルなどの移動通信事業者（MNO＝Mobile Network Operator）です。MNOは、移動通信システムのネットワークを建設、運用して通信サービスを提供します。ユーザーはMNOの提供するプランに加入し、スマートフォンなどの端末からネットワークを通してインターネット接続や音声通話などの通信サービスを受けられます。

なお、 スマートフォン上でのLINEやYouTubeなどのアプリは、アプリケーションサービスプロバイダー（ASP＝Application Service Provider）により提供されます。通信サービスは電話のように、ユーザー同士を接続する場合とMNOが自ら持つアプリケーションサーバーと接続する場合、さらにインターネットなどを介してユーザーとASPの持つアプリケーションサーバーを接続する場合があります（図表03-2）。スマートフォンのアプリケーションは、iPhoneであればiOSと呼ばれるオペレーティングシステム（OS：ソフトウェアの実行のための環境）上で、AndroidスマートフォンであればAndroidと呼ばれるOS上で実行されます。

▶ 移動通信サービスの仕組み 図表03-2

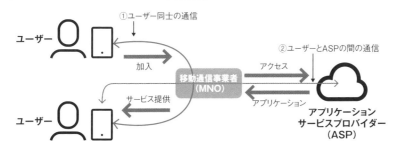

MNOが移動通信のシステムを構築し、通信サービスを提供する

私たちがスマートフォンで利用するアプリは、さまざまなASPがインターネットを経由して提供しています。

移動通信のその他のプレイヤー

移動通信には、MNO、ユーザー、ASP以外にも多くのプレイヤーが関わっています（**図表03-3**、**図表03-4**）。

ユーザーに近い部分から見ていくと、MNOのサービスや端末を販売する販売代理店やショップがあります。端末については、アップルやサムスンなどの端末ベンダーと、無線を含む通信処理を行うような集積回路を提供するクアルコムのようなチップセットサプライヤー、ジャパンディスプレイやソニーのようなディスプレイ、カメラなどコンポーネント（部品）のサプライヤーがあります。

無線基地局やアンテナなどからなる無線アクセスネットワークや、端末とインターネットなどを接続するコアネットワークと呼ばれるネットワーク機器については、エリクソンやファーウェイ、ノキアなどの通信機器ベンダーがMNOに納入しています。通信機器に組み込むプロセッサーや回路ボードは、コンポーネントサプライヤーが通信機器ベンダーに供給します。

さらに、ネットワークの構築に関わるプレイヤーがいます。基地局アンテナを鉄塔の上やビルの屋上に設置したり、電源や基地局とコアネットワークの間の伝送路の設置、その他の機器の設置などを行う協和エクシオ、サンワコムシスのような工事業者です。また、無線アクセスネットワークでのカバレッジが最適となるような基地局間のチューニングやネットワーク運用をサポートする三技協のような業者もいます。

また、国はMNOに無線周波数免許を付与したり、ネットワークの運用に関わるさまざまな制度を決める役割を担っています。

▶ 移動通信の主なプレイヤーと役割 **図表03-3**

プレイヤー	主な役割
国	無線免許付与、制度や規制の策定・実施
移動通信事業者（MNO）	移動通信ネットワークの構築、運用、移動通信サービスの提供
アプリケーションサービスプロバイダー（ASP）	スマートフォン上での各種アプリケーションの提供
端末ベンダー	スマートフォンなど端末の開発、製造、販売
端末チップセットベンダー	端末の無線処理などの集積回路の開発、販売
代理店・ショップ	携帯電話端末や移動通信サービスの販売
端末部品サプライヤー	端末ディスプレイ、カメラなどの開発、販売
通信機器ベンダー	移動通信ネットワーク機器の開発、製造、販売
通信機器部品サプライヤー	ネットワーク機器に組み込む部品の製造、販売
工事業者	通信機器の設置工事、試験

▶ 移動通信に関わるプレイヤー 図表03-4

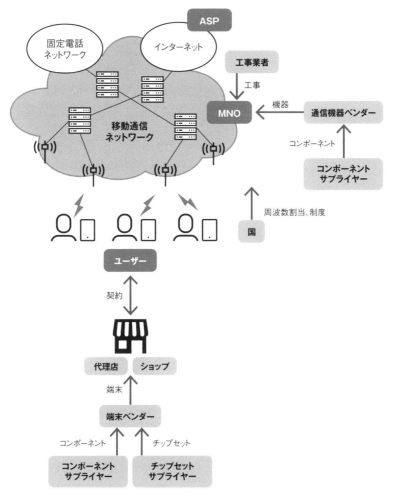

移動通信のネットワークの構築やサービス提供にはさまざまなプレイヤーが関わっている

これら以外のプレイヤーとして、MVNO もあります（レッスン 6 参照）。MVNO は MNO と混同されがちですが、いわゆる格安 SIM を提供する業者などを含み、MNO ネットワークを利用して自社ブランドでサービスを提供していることから「仮想」という位置づけになります。

04

[移動通信トラフィックの現状と今後]

増加する通信トラフィック

このレッスンの
ポイント

移動通信のトラフィックは動画アプリ、SNSでの動画や静止画の利用の増加、端末ディスプレイの高解像度化などにより増加の一途をたどっています。ここでは移動通信トラフィックの動向から5Gの必要性を理解しましょう。

◯ 移動通信トラフィックの増加

ネットワーク上で送られる通信データの流れをトラフィックといいます。移動通信トラフィックには音声やWebサイトからのデータがあり、特にデータトラフィック量は、スマートフォン利用者の増加、主に動画コンテンツの視聴が増えたこと、また端末ディスプレイの高解像度化による高精細画像の増加などの要因によって世界全体で年率60%前後、日本でも、総

務省の発表で年率40%前後で増加しています（図表04-1）。一方で、音声通話のトラフィック量はほぼ一定で変化がありません。

データトラフィックの増加傾向は今後も続くと予想され、トラフィックを流すネットワークの負荷が大きくなるため、通信容量の継続的な拡大が必要です。

▶ 世界のモバイルトラフィック量の推移 図表04-1

トラフィック量(EB/月)［EB:Exa Bytes、1018バイト］ 　　　　　　年間増加率(%)

出典：「Ericsson Mobility Report, Nov. 2019」をもとに作成

音声通話のトラフィック量はほぼ一定だが、データ通信は年率60%前後で増加している

⬤ トラフィックの内訳

移動通信トラフィックの内訳を 図表04-2 に示しています。この中で動画が60%以上と過半を占めていますが、この割合は今後さらに増加する見込みです。

Facebookなど SNS のオンラインアプリでの埋め込み動画の増加、ビデオオンデマンド（VoD）ストリーミングサービスの加入者増および加入者あたりの視聴時間の増加などが動画トラフィックの増加に寄与します。動画トラフィックは年間約30%増加し、2025年には全トラフィックの約4分の3を占めるようになる見通しです。

移動通信トラフィック全体で見ると、2019年から2025年の間に4倍近く増加すると予測されます。トラフィックの増加はネットワークの負荷の増大を招くため、MNOは無線基地局の増設などによりネットワークの通信容量を拡大すると同時に、トラフィックを効率よく送受信処理する必要に迫られます。これが、5Gの導入を促進する1つの大きな動機になるのです。5Gの高速、大容量通信により、ネットワークのトラフィック疎通能力を飛躍的に拡大できます。また、VR（Virtual Reality）、AR（Augmented Reality）やホログラム、360度動画ストリーミングなどのアプリも5G化を促進します。

▶ アプリケーションごとのトラフィック割合 図表04-2

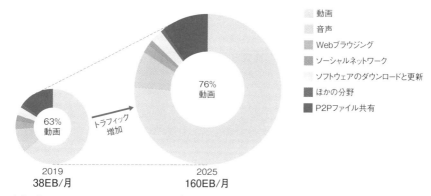

- 動画
- 音声
- Webブラウジング
- ソーシャルネットワーク
- ソフトウェアのダウンロードと更新
- ほかの分野
- P2Pファイル共有

63%
動画

トラフィック
増加

76%
動画

2019
38EB/月

2025
160EB/月

出典：「Ericsson Mobility Report, Nov. 2019」をもとに作成

2025年までにトラフィック量は4倍に達し、その約4分の3を動画トラフィックが占めると見られている

このレポートによると、2025年にはトラフィック全体の約半分が 5G ネットワークで送られると予測されています。

Lesson [eMBB、mMTC、URLLC]

05 5Gに要求される特性とユースケース

**このレッスンの
ポイント**

4Gまでの移動通信は、人が利用するサービスを中心としてきましたが、5Gは人が利用するサービスに加えて、さまざまな産業界での利用を想定しています。ここでは、4Gまでとの違いを含めて5Gのスコープ（利用範囲）を理解しましょう。

○ 4Gまでと5Gとの違い

5Gについては国際標準化の枠組みの中で、スマートフォンなどで人が使うサービスだけではなく、さまざまな産業界での利用を促進するための要求条件がまとめられました（図表05-1）。4Gと比べて1,000倍のトラフィック量を流すことができる通信容量を持つこと、ユーザーの通信速度が10～100倍に向上するといった特性

は、主に人が使うサービスを想定したものです。

一方で、遅延時間が5分の1ないしは10分の1、通信デバイスの電池寿命が10倍、ネットワークに接続可能なデバイスの数が10～100倍に向上する点などは、主に産業界での利用を想定しています。

▶ 5Gの特性 図表05-1

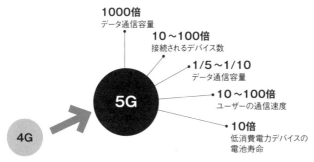

数値に幅のある項目があるが、これは比較元の4Gの能力に依存するためで、たとえばユーザーの最大通信速度はLTE-Advancedでは既に1Gbpsを超えており、それと比較した場合は5Gが100倍にもならない

● 5Gが目指す利用分野

レッスン1でも触れたように、5Gの利用分野は、eMBB（モバイルブロードバンドの高度化）、mMTC（大量のIoTデバイスの利用）、URLLC（ミッションクリティカルなIoT）　の3つが想定されています（図表05-2）。

特にURLLCはさまざまな産業界での利用が想定されており、機械の操作や作業の

プロセスを根本的に変革する可能性を持っています。URLLCでは、データの送信元と受信先との間の遅延が非常に小さいことに加えて、非常に高い信頼性（通信に障害が起こっても極短時間で復旧すること）とアベイラビリティ（必要な条件で通信ができる時間の割合が非常に高いこと）が実現されます。

▶ 5Gのスコープ 図表05-2

モバイルブロードバンド高度化 （eMBB）	大量IoT（mMTC）	ミッションクリティカルIoT （URLLC）
・超大容量のデータ通信 ・超高速通信 ・どこでも高精細動画 ・低消費電力 ・…	・どこでもつながる ・小さい処理負荷 ・多様な環境 ・短距離無線との共存 ・…	・ミリ秒レベルの遅延 ・高速チャネル割当 ・堅固な無線伝送 ・多レベルの冗長性 ・…

スマートフォン　モバイル/無線/固定

タブレット　4k/8k、放送、VR/AR

スマートビル　流通、車両追跡管理

センサー　スマート農業

交通安全および制御

自動運転、遠隔制御

遠隔製造、遠隔手術

1つの5Gネットワークで、これらすべてを実現できることが基本である

👍 ワンポイント　eMBB、mMTC、URLLC

本書でよく出てくるeMBB、mMTC、URLLCという3つの用語は、ITU（国際電気通信連合）が5Gに相当するIMT-2020のターゲットとする3つの利用シナリオ（Usage Scenario）として生み出しました。MBBは、ブロードバンドサービスを光回線などの有線ではなく、無線で提供するという意味を持っています。また、MTCは人ではなくモノが使う通信という意味ですが、IoTよりも少し通信機能面を強調した用語です。

Lesson 06

[新たな形態のMVNO]

5GにおけるMVNO

このレッスンの
ポイント

レッスン3でも触れましたがMVNO（仮想移動通信事業者）は、MNOのネットワークを利用してユーザーにモバイルサービスを提供します。ここでは、MVNOの位置づけ、5Gにおける新たな形態のMVNOの可能性について理解しましょう。

◯ MVNOの位置づけ

MVNO（Mobile Virtual Network Operator：仮想移動通信事業者）には大きく分けて2つの形態があります。つまり、ネットワーク設備をまったく持たず、ブランドを冠した端末や特定アプリのみを提供して、MNOのサービスを販売する再販型と、自ら一部のネットワーク設備を持つ設備設置型です。

設備設置型MVNOは、MNOと相互接続して、データ通信サービスを中心にMNOと差別化したサービスを提供します。また、設備対応やMNOとの接続形態の違いによって、レイヤー3接続型とレイヤー2接続型に分類されます。さらに、MNOのSIMカードを利用するのではなく、IIJやさくらインターネットのように自らSIMカードを発行する能力を持つフルMVNOもあります（図表06-1）。

▶ MVNOの位置づけ 図表06-1

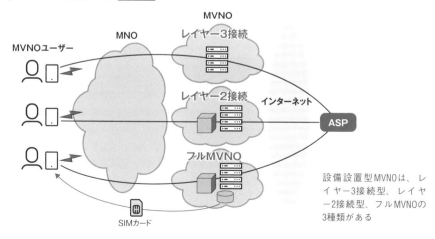

設備設置型MVNOは、レイヤー3接続型、レイヤー2接続型、フルMVNOの3種類がある

5GにおけるMVNOの可能性

5Gでは、図表06-2に示したようにMVNOの役割が拡大する可能性があります。1つの可能性としては、MNOが特定の用途に限定してネットワークの一部を切り出して使えるようにするネットワークスライシング機能（レッスン34参照）を利用して、MNOからネットワークスライスを提供してもらいユーザーへのサービスに適用することです。MVNOとして、スライスに要求される通信速度や遅延時間などのパラメーターを提示して、スライスをカスタマイズできる可能性もあります。なお、ネットワークスライスを利用するMVNOを、VMNO（Virtual MNO）と呼ぶこともあります。

5Gでは、MNOネットワークの持つ機能を外部から操作できるネットワークエクスポージャー（レッスン64参照）が提供されます。MVNOは、このネットワークエクスポージャーを利用して、ユーザーに対するサービスに付加価値を与えられる可能性があります。たとえば、MNOのSIM認証（適格なユーザーかどうかを判定）機能をアプリの認証にも利用するなどです。

また、MVNOが特定の産業界や用途の要件に合ったネットワークを、場合によっては複数のMNOネットワークの上に構築することも考えられます。たとえば、鉄道沿いや高速道路沿いだけをカバーするネットワークです。

現在でも、ソラコムのようなIoTに特化したMVNOがありますが、5Gでは上記のような多様な可能性の面から、さまざまなB2B型の企業向けMVNOが誕生することが期待されます。

▶ 5GにおけるMVNOの可能性 図表06-2

機能	内容
ネットワークスライシング	MNOがMVNO用ネットワークスライスを提供
ネットワークエクスポージャー	MVNOがMNOのネットワーク機能を利用
産業界向け、特定用途向けMVNO	MVNOが産業界や特定用途向けのネットワーク機能を提供

👍 ワンポイント　レイヤー3接続とレイヤー2接続

このレッスン6では「レイヤー3接続」とか「レイヤー2接続」といった聞きなれない言葉が出てきました。これらは第2章や第4章で説明するネットワーク構成に関わる用語です。具体的には、レッスン16のEPCにおいてMVNOがP-GWの外側につながるのがレイヤー3接続、S-GWの外側でMVNOがP-GWを持つ形態がレイヤー2接続です。フルMVNOはレイヤー2接続で、さらにMVNOがHSSまで持ってユーザー加入情報の管理や認証まで行います。5Gでは、さらに多様なMVNOがでてきて市場を活性化すると期待されます。

Lesson [目的別専用ネットワーク]
07
ローカル5Gとプライベート
ネットワーク

このレッスンの
ポイント

通常の移動通信ネットワークとは別に、工場などでローカルに利用する5Gネットワークを構築する動きがあります。ここでは、ローカル5Gとは何か、また関連する世界のプライベートネットワークの動きを理解しましょう。

◯ 工場内や工事現場に構築されるローカル5G

私たち一般の消費者や企業ユーザーが利用する公衆通信サービス用の移動通信ネットワークとは別に、特定の目的のために構築される通信ネットワークがあります。たとえば鉄道、防衛用の無線ネットワークや地方自治体の非常用ネットワークは古くからあり、専用の無線周波数が割り当てられています。5Gでは公共用だけではなく、企業や土地の所有者が限定したエリアでネットワークを構築するための無線免許が割り当てられる場合があります。日本では、このような無線免許を利用して構築するネットワークをローカル5Gと呼んでおり、工場内のネットワークや、マンションの各部屋にFWA（レッスン51参照）により直接ブロードバンドサービスを提供するネットワークになります（図表07-1）。

▶ ローカル5Gのユースケース 図表07-1

工場内

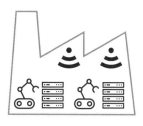

固定無線アクセス（FWA）

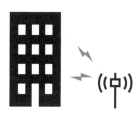

ローカル5Gは工場、プラントや工事現場での利用の他に、FWAで固定ブロードバンド用に利用される

○ ローカル5Gの無線免許

ローカル5Gの無線免許を受けられるのは主に工場を操業する企業や土地の所有者になりますが、実際のネットワークの構築や運用については、ネットワークに関する専門知識を有するMNOやシステムインテグレーターがサポートしてもよいことになっています。ローカル5Gの構築においては、無線を利用する際に近隣のネットワークやほかの無線システムとの干渉を抑制する方策や、ローカル5Gの無線を効率よく利用するためのネットワーク設計などにおける知見が必要となるからです。

日本では、一部の無線帯域についてロー

カル5Gの免許交付の手続きが2019年12月から始まりました。引き続き、ほかの帯域もローカル5G用に免許交付される予定です。世界的には、ドイツやスウェーデンなどでも同様の免許が交付されます。米国でも、ローカルというより地域限定という形で免許交付されます。ここで免許交付というのは、国（たとえば日本では、無線電波を管理している総務省）が、無線を使いたいユーザー（ローカル5Gであれば、企業や土地所有者など）からの申請を受け、審査の上適格であると認められれば対象となる無線帯域の使用を許可することです。

ローカル5Gでは、公衆の移動通信ネットワークと同じ技術が利用されます。移動通信システムの開発には膨大なコストがかかっており、その完成度の高い技術を工場などの産業用や公共事業に活かすことで、より優れた機能やサービスを提供できます。

👍ワンポイント　ローカル5Gとプライベートネットワークの違い

次ページに示すように、4G以前においても、移動通信技術を利用するネットワークはプライベートネットワークとして世界各地で構築されてきています。ここでいうプライベートネットワークというのは、専用の無線周波数を利用

する場合だけではなく、MNOが持っている免許を利用して、特定のエリアで特定の目的のために構築したネットワークも含みます。したがって、プライベートネットワークはローカル5Gを含んだ、より広い概念です。

● 公共機関などが利用するプライベートネットワーク

LTEを利用した公共安全用のプライベートネットワークとしてよく知られている例として、米国のFirstNetがあります。国が専用の無線免許を割り当て、警察、消防、救急などの機関がネットワークを共同で利用します。国が補助金を出し、州政府もネットワーク構築の責任を負っています。実際には、MNOであるAT&Tがネットワークの構築や運用管理を請け負っており、各州政府と共同で無線ネットワークの整備を進めています。FirstNetでは、ネットワークの利用状況を監視する運用管理装置を通して、専用に割り当てられた無線帯域が空いていると判断された場合には、一般ユーザーも移動通信ネットワークとして利用できるようにしています。米国以外でも、英国やオーストラリアでは同様に公共安全のために専用無線帯域が確保され、専用ネットワークが構築されています。

そのほかにも、図表07-2のように港湾、油田、空港、電力送配電、鉱山などでLTEを用いたプライベートネットワークの事例があります。

日本でも、ローカル5Gでは、上記のとおり企業や土地の所有者が専用の無線帯域を利用します。一方、MNOが企業の要求に基づき工場内や建設現場のネットワークを、MNOが免許を有する無線帯域を使って構築・運用する形態もあります。MNOの免許帯域の一部をその企業が専用で利用して、コアネットワークを企業が保有、運用するような形態も考えられます。

プライベートネットワークのように専用ネットワークを構築する意義としては、①閉域でネットワークを作ればデータなどの漏洩リスクが低くなる、②公衆網での障害や混雑の影響を受けない、③自由に無線ネットワークの設計や品質管理ができる、などが挙げられます。

👍ワンポイント　日本のローカル5G制度

日本では、2019年12月にはじめてローカル5Gの免許付与手続きが始まりました。これは、28.2〜28.3GHzを対象としています。併せて、従来地域BWA（Broadband Wireless Access）として地方のCATV会社などが利用してきた2.5GHzの帯域についても、これが使われていない場所で「自営等BWA」として、ローカル5Gと同様に限定された場所でLTEでの利用を前提とした免許付与が始まりました。これにより、LTEと5G NRを補完的に利用するノン・スタンドアロン（レッスン37参照）によるプライベートネットワークの構築が可能になります。これら以外にも2020年には、4.6〜4.8GHz及び28.3〜29.1GHzの無線帯域もローカル5G用として免許付与手続きが開始される予定です。

▶ プライベートネットワークの事例 図表07-2

公共安全LTEネットワーク

米国全土で構築されている公共安全用のネットワーク。携帯電話ネットワークに付加して実現し、警察、消防、救急などで利用

オランダの港湾プライベートLTEネットワーク

プライベートに利用可能な無線帯域を利用して、荷物運搬用自動走行車（AGV）やトラックの通信に利用

米国メキシコ湾プライベートLTEネットワーク

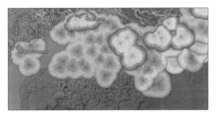

地下の石油や天然ガスの掘削ステーションの監視や、資源管理データ収集のために海上に構築

フランス空港LTEネットワーク

プライベートに利用可能な無線帯域を利用して、荷物用カートの管理、飛行機からの航行データのダウンロードなどで利用

米国地域事業者のLTEネットワーク

旧来のシステムをLTEで置換、地域の電気・ガス会社のメーター遠隔検針、緊急時のビジネス通信に利用

オーストラリア鉄鋼山のLTEネットワーク

岩石を運ぶトラックの自動走行支援や鉱山機械の遠隔操作で利用。移動通信事業者がネットワーク構築を支援

08 [5Gの世界と日本の動き]
5G導入までのロードマップ

このレッスンの
ポイント

2018年10月以降世界各国で5Gの導入が進んでいます。日本でも、2019年秋からのプリコマーシャルサービスに続き、2020年春には商用サービスが開始されます。世界の5G導入状況と、日本での5Gロードマップを見てみましょう。

○ 世界の5G導入状況

2018年10月に米国最大の通信事業者Verizonが5Gサービスを始めました。固定無線アクセス（FWA＝Fixed Wireless Access）という、家庭へのブロードバンドを光ケーブルではなく、5G無線技術を用いて提供するサービスです。その後、12月には米国AT&Tや韓国のMNO3社が5GのWi-Fiルーターを利用するサービスを始め、2019年4月にはVerizonと韓国のMNO3社がほぼ同時にスマートフォンを用いた

5Gサービスを始めました。その後、欧州の多くの国々や中東、オーストラリアでも5Gサービスが始まっています。以降、中国では2019年10月末にMNO3社が同時に50都市で商用サービスを始めたほか、日本でも2019年9月のラグビーワールドカップと同時期にプリコマーシャルサービスが始まり、2020年春には商用サービスがスタートする予定です（図表08-1）。

▶ 世界の5G商用化動向 図表08-1

地域	2018年	2019年	2020年
北米	Verizon（10月1日）　AT&T（12月）	Sprint　T-Mobile	
北東アジア	（12月）　→	韓国（4月）　→　中国（10月）	
日本		ラグビーワールドカップ	オリンピックパラリンピック
ヨーロッパ、中南米		Telia　DT　Telefonica　Swisscom　Vodafone　EE(BT)　DNA Elisa　Orange	
豪・東南アジア　中東		Optus　SingTel　Telstra　STC	

2018年以降、北米を皮切りに世界各地域で商用化が進んでいる

● 5G標準化とサービスの導入

図表08-2 は、5G商用化前後の日本と世界のロードマップです。5Gは世界共通の技術仕様に基づいてネットワーク装置や端末の開発が行われ、これらを用いて実際のサービスが提供されます。この技術仕様は、世界の通信事業者やベンダーが集まって議論する場である3GPP（3rd Generation Partnership Project）において規定されたものです。

3GPPでは、リリースと呼ばれるマイルストーンごとに仕様を承認しています。5Gの新たな無線アクセス仕様（端末とネットワークの間の無線技術）であるNR（New Radio）については、リリース15において、既存のLTEをNRに対して補完的に利用するノン・スタンドアロン用とNRだけ単独で利用するスタンドアロン用（レッスン37参照）が2017年末と2018年6月にそれぞれ承認されました。そのほかの必要なネットワーク機能についてもリリース15で規定されました。また、その後の機能高度化や追加についてもリリース16で規定されています。

3GPPは民間団体ですが、国レベルでは国連傘下の国際電気通信連合（ITU ＝ International Telecommunication Union）がIMT-2020として2020年後半に5G仕様を認定します。

▶ 5G導入までの流れ 図表08-2

世界各国の5Gは3GPP仕様に沿って実現されているが、日本でもNR仕様をベースに無線基地局などが守るべき無線設備規則を規定している。また、2019年4月にはNR用の新たな周波数として、既存の移動通信周波数よりも高い周波数帯で、4Gまでよりも大幅に広い帯域の無線免許を通信事業者に付与した

Lesson 09

[5G進化のみちすじ]

5Gの進化と展開

このレッスンの
ポイント

5Gは、段階的に進化していくと考えられます。初期段階のモバイルブロードバンド拡充期から、新たなアプリが花開くと同時に産業界での利用が本格化する段階へ、そして固定ブロードバンドも巻き取って成熟していきます。

◯ 固定通信と移動通信が融合する

移動通信と固定接続との品質の差がなくなるに従い、家庭やオフィスでも屋外でも同じ使い勝手でインターネットにアクセスしたり、アプリを使ったりできることが求められるようになってきています。そうした要求と、5Gのネットワークがこれからも進化していくという流れの中で、固定接続を5Gの移動通信で巻き取り、融合していく動きが出てきています。

この固定と移動の融合（FMC＝Fixed Mobile Convergence）においては、5Gの

ネットワーク機能を担う5Gコアネットワーク（以降5GC、レッスン32参照）が中心的な役割を果します。家庭やオフィスから光回線や銅線で固定アクセスネットワークに接続した後、5GCを経由して移動通信と同じアプリやコンテンツを利用できるようになります。また固定無線アクセス（FWA）や、FWAと固定アクセスの両方を利用するハイブリッドアクセスも5GCに集約されます（図表09-1）。

▶ 固定ブロードバンドと5Gの融合 図表09-1

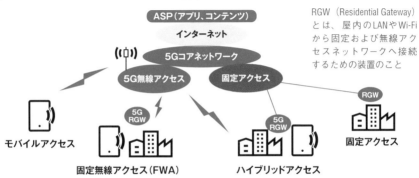

RGW（Residential Gateway）とは、屋内のLANやWi-Fiから固定および無線アクセスネットワークへ接続するための装置のこと

5Gの進化のステップ

2020年代初頭の5G商用化初期段階では、高速・広帯域を利用したARやVRなどのサービスも提供されますが、これらを利用したアプリの完成度が高まるまでには時間がかかると思われます。また、新たな5G無線アクセス（NR）がどこでも使えるという状況ではないことも予想されます。一方で、トラフィックの多いところでNRが使えればネットワーク全体の容量が増大し、既存のLTE無線アクセスの負荷を軽減することができます。

このように5Gの初期段階では、LTEトラフィックをオフロードして、全体としてユーザーのサービス品質を高めることが5Gの主な使命だと考えられます。

2022年〜2023年頃に5Gネットワークが拡充してくると、ARやVRをはじめとして新興アプリの完成度が高まり、広く使われるようになると期待されます。一方で、いよいよさまざまな産業界での5G応用がビジネス的に有意な段階に達し、広く実用化されていくと考えられます。この拡充段階では、既存のLTEの無線帯域にもNRが導入されると同時に、応用分野ごとにネットワーク機能を切り出すネットワークスライシングが具体化してくると思われます（図表09-2）。

2020年代の半ば以降になると、5Gネットワークが成熟し、多くのユーザーが高速・広帯域のサービスを利用できるようになります。この段階で、移動通信と固定接続との差異がほぼなくなり、移動通信ネットワークが固定アクセスを巻き取るFMCが現実的になってきます。

▶ 5Gの段階的展開 図表09-2

| 2019年 | 2020年 | 2021年 | 2022年 | 2023年 | 2024年 | 2025年 | 2026年 | 2027年 |

初期段階
- NR導入、モバイルブロードバンドの拡充
- 広帯域のNRへトラフィックオフロード
- 産業応用のトライアル、ローカル5G立上げ

広帯域のNRにアクセス可能な場所で高速なデータ送受信が可能となり、その他のユーザーのLTEアクセスの容量が増大

さまざまな産業分野で5Gの具体的なユースケースがビジネス的に有意になる

拡充段階
- LTE帯域のNR化、ネットワークスライシング導入
- AR、VR等多様なコンシューマーアプリ展開
- 産業応用の実用化、ローカル5G拡大

ネットワークの一体化により、固定アクセスとモバイルアクセスとして同じサービスをシームレスに利用可能に

成熟段階
- 固定網と5Gとの融合が進展
- 5Gデバイスの多様化、5Gベース大量IoTが具体化
- 産業応用の拡大、ローカル5G本格化

国やMNOによって、実際の5G展開の時間軸は大きく異なることも考えられる

🕐 COLUMN

進化、成長するIoTが5Gを牽引

電気やガスのメーター、スマートウォッチ、子供やお年寄りの見守りセンサーなど、IoT機能を備えたデバイスがどんどん増加しています。この中には、3GやLTEなどの移動通信をベースにしたものと、LoRa/LoRaWANやSigfoxなどのいわゆる免許不要周波数帯を利用する独自規格のものがあります。これまでは、これらの主に広域で利用でき、デバイスのバッテリー寿命が長くて低コスト、データ量が少ないmMTCに対応するIoTが普及してきています。中でも、　最近LTEをベースにしたLTE-M（Cat-M）やNB-IoTを利用したIoTデバイスが急速に増加しています（レッスン25参照）。

一方で、今後ドローンなどの無人飛行機や、カーナビなどの車載端末、オンラインゲームやVR/ARなど、大容量のデータを高速でやりとりするブロードバンドIoTや、交通システム制御、電力網の制御（スマートグリッド）、製造業における製造ロボットのリアルタイム制御など、高信頼性や低遅延性などに重点を置いたクリティカルIoTも増加が見込まれます（**図表09-3**）。これらは多くの場合URLLCに相当し、5Gの持つ特性が必要になります（レッスン35参照）。通信トラフィックの急激な増加と並んで、これらの新たなカテゴリーのIoTが5Gの牽引役になると考えられています。

▶ 移動通信技術を利用するIoT接続デバイス数 図表09-3

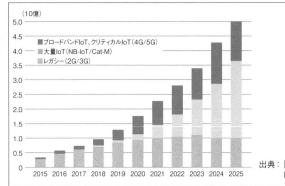

出典：「Ericsson Mobility Report, Nov. 2019」をもとに作成

2025年には移動通信を利用するIoTデバイス数が50億個となり、5Gが必要なデバイスも大きな割合となる

URLLC を含むブロードバンド IoT やクリティカル IoT のニーズが 5G を牽引します。同時に、mMTC に対応する NB-IoT や Cat-M の利用も急速に増加することが見込まれます。

移動通信
ネットワークのしくみ

5Gを理解するには、現在広く使われ
ている第4世代移動通信ネットワーク
（4G）を理解しておく必要があります。
本章では、これまで実現されている
移動通信ネットワークの概要を見て
いきます。

Lesson 10 ［移動通信ネットワークの構成］
移動通信ネットワークの概要

このレッスンの
ポイント

移動通信ネットワークは、大きく<u>無線アクセスネットワークとコアネットワーク</u>とに分けられます。これらのネットワークが連携することで、私たちはいつでもどこでも通話や動画の視聴などを楽しむことができます。

⭕ 移動通信ネットワークとは

移動通信ネットワークは、<u>ユーザーが移動しても通信を継続して行える通信システム</u>です。現在では世界中のほとんどの都市や町で携帯電話やスマートフォンを使用でき、列車や自動車内はもちろん、航空機での移動中でも通信ができるようになっています（図表10-1）。移動通信ネットワークでは、ユーザーが移動するため、通信端末は通信ケーブルではなく無線を使ってネットワークにつながります。このようなネットワークを実現するには、無線での接続に対応し、かつ端末がどこに移動してもネットワークに接続し続けられるしくみが必要になります。

▶ 移動通信ネットワーク 図表10-1

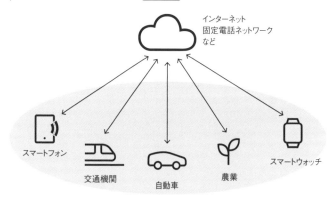

あらゆるモノが、移動通信ネットワークでいつでもどこでもつながる

● 移動通信ネットワークの構成要素

移動通信ネットワークは、端末と何かをつなげるネットワークです。ここでの端末とは、人が操作するスマートフォンの場合もあれば、センサーのようなIoT端末の場合もあります。端末のつながる相手には、図表10-2のスマートフォンやインターネット上のクラウドサービス、固定電話ネットワークなどがあります。このようなネットワークサービスを実現するため、移動通信ネットワークは、無線アクセスネットワーク（RAN＝Radio Access Network）とコアネットワーク（CN＝Core Network）から構成されています。

> 無線アクセスネットワークとコアネットワークという組み合わせは、第1世代の移動通信ネットワークの時代から変わっていません。

● RANとCNの役割

端末がどこにあってもネットワークにつながるためには、「情報を伝える何か（媒体）」が必要です。移動通信ネットワークでは、端末は広い範囲を移動するため、通信ケーブルを使うことはできません。したがって、移動通信ネットワークでは、端末がネットワークにつながる媒体として電波を使います。電波を使った端末との情報のやりとりを一手に引き受けているのがRANです。

一方、CNはRANと外部のインターネットなどの間に入り、データの受け渡しや端末の移動管理などを行います。つまり移動通信ネットワークでは、RANが電波を使って端末と通信を行い、CNが外部ネットワークとのデータのやりとりを行っています。

▶ 移動通信ネットワークの構成 図表10-2

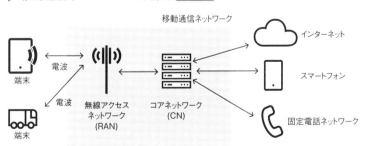

無線アクセスネットワーク（RAN）は電波を使った端末とのやりとり、コアネットワーク（CN）は外部のインターネットなどとのやりとりを行う

Lesson

Lesson　［ネットワーク接続手順］

11 移動通信ネットワークに接続するまでの流れ

**このレッスンの
ポイント**

端末の電源を入れた後、端末はまず身近な RANに接続します。その後、コアネットワークに接続して加入者であることを確認してもらい、そこで初めて、通話やデータ通信のできるしくみが整います。

⚫ ①RANへの接続

携帯端末の電源を入れると、端末はまず移動通信ネットワーク用の電波を探し、契約している携帯電話事業者（MNO）のRANかどうかを確認します。自分が契約するMNOのRANであれば接続を開始し、そうでなければ別の電波を探します。端末から接続の信号を受け取ると、RANは端末がCNと通信できるよう設定を行います。その後、端末はRANを経由してCNとの通信を始めます（図表11-1）。なお、電波がまったく見つからなければ、その端末は圏外となります。

▶ 電源を入れたときの端末の動作 図表11-1

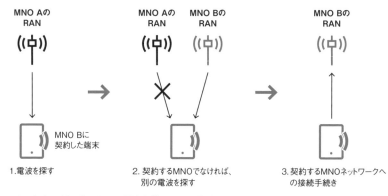

MNO Aの
RAN

MNO Aの
RAN　MNO Bの
RAN

MNO Bの
RAN

MNO Bに
契約した端末

1.電波を探す

2. 契約するMNOでなければ、
別の電波を探す

3.契約するMNOネットワークへ
の接続手続き

MNOは各自に割り当てられた電波を使いRANを運用している

②コアネットワークへの登録（アタッチ）

RANへの接続が完了すると、CNへ接続し登録手続きを始めます（**図表11-2**）。CNへの登録手続きをアタッチ（Attach、登録）と呼びます。

アタッチ処理では、加入者情報やアクセスポイント名（APN＝Access Point Name）などをCNに伝えます。APNとは外部のインターネット接続に必要なサーバー情報です。CNでの登録に成功すれば、CNはその端末が自分のネットワークに接続していることを認識します。これにより、端末は、データ通信などのMNOと契約している通信サービスを受けることができます。

▶ アタッチ **図表11-2**

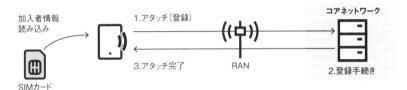

アタッチ処理によってコアネットワークに登録される

> アタッチ時のネットワーク登録に必要な情報は、端末内のシム（SIM = Subscriber Identity Module）と呼ばれるモジュールに保存されています。

👍ワンポイント　セルサーチ（セル探索）

端末の電源が入った後で、RANの電波を探す動作をセルサーチと呼びます。セルとはRANを構成する無線基地局のエリアのことです（レッスン12参照）。通常、端末は電源を切る前に使用していた電波を覚えているので、同じ地域などであれば、電源を入れなおしてもすぐに電波が見つかります。その一方、外国では別の電波を使っていたりするため、空港に着陸しフライトモードを解除しても電波を見つけるのに時間がかかることがあります。

◯ ③待ち受け

アタッチによるネットワーク登録が完了すると、端末は「待ち受け」と呼ばれる状態になります。端末は常に通信を行っているわけでありません。したがって通信をしていない間は、ネットワークに接続し続けるために必要な最小限の処理を行いつつ、通信の機会を待つことになります。

通信の機会は大きく2つに分けられます。1つは、移動通信ネットワークから呼び出しがある場合で、たとえばほかの端末や固定電話からの通話呼び出しやショートメッセージ（SMS＝Short Message Service）を受信する場合などです。もう1つは端末から通信を行う場合で、たとえば電話をかけたりメールを送信したりする場合です。

移動通信ネットワークからの呼び出しはページング信号と呼ばれる「呼び出し」用の信号により行われます（**図表11-3**）。ネットワークはページング信号を数秒（たとえば約2～3秒）に1回送信しており、端末は自分に送られてきた呼び出しかどうかの確認のため、この定期的に送られてくるページング信号を受信しています。逆にページング信号が送られない期間は、端末は電波を受信する回路を止めるなどして電池を節約しています。

▶ ページング信号受信の手続き **図表11-3**

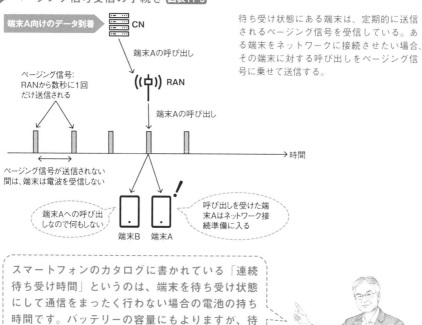

待ち受け状態にある端末は、定期的に送信されるページング信号を受信している。ある端末をネットワークに接続させたい場合、その端末に対する呼び出しをページング信号に乗せて送信する。

スマートフォンのカタログに書かれている「連続待ち受け時間」というのは、端末を待ち受け状態にして通信をまったく行わない場合の電池の持ち時間です。バッテリーの容量にもよりますが、待ち受けだけであれば、数週間は持つようです。

④ネットワークへの接続

ページング信号に自分あての呼び出しがあることを知ると、端末はネットワークへの接続を行い、 通信を開始します（**図表11-4**）。逆に端末から電話をかけたりメールを送ったりする場合は、端末側から通信を始めます。端末側から通信を行う場合は、ページング信号を待つことなく、即座にネットワークに対して通信を始めます。必要な通信が終われば、端末は再び待ち受け状態になり電池を節約します。

▶ 待ち受けと接続 **図表11-4**

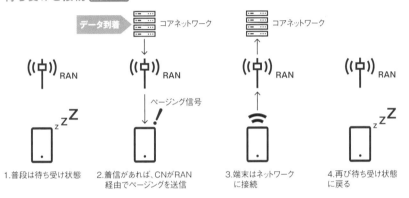

データ到着

コアネットワーク コアネットワーク

((中))RAN ((中))RAN ((中))RAN ((中))RAN

ページング信号

zzZ ！ ～ zzZ

1. 普段は待ち受け状態
2. 着信があれば、CNがRAN経由でページングを送信
3. 端末はネットワークに接続
4. 再び待ち受け状態に戻る

端末は、「待ち受け状態」と「接続状態」を繰り返している

通信を行っている状態を、待ち受け状態に対して「接続状態」と呼びます。たとえばYouTubeなどの動画の視聴のように接続状態が長くなると、端末のバッテリの持ち時間は連続待受時間の数分の1になってしまいます。

👍 ワンポイント　緊急地震速報もページング信号で送信

緊急地震速報もページング信号を使って送信されます。この場合、特定の端末向けではなく、RAN内のすべての端末に向けてページング信号を送ります。このように全端末を対象にして送信することをブロードキャスト（broadcast）と呼びます。ブロードキャストの代表例としては、テレビやラジオなどの放送があります。その一方で、携帯電話などのように特定の相手にのみ送信することをユニキャスト（unicast）と呼びます（ユニとは「単一の」という意味）。

12

RANの構成と役割を知る

このレッスンの
ポイント

無線アクセスネットワーク（RAN）は複数の無線基地局から構成されるネットワークです。RANがあることで、端末は無線でネットワークにつながり、また別の場所に移動しても通信を続けることができます。

Chapter 2

移動通信ネットワークのしくみ

◯ RANの構成

RANは、複数の無線基地局（以降、基地局）と呼ばれる装置から構成されています。無線基地局は電波を使い端末と通信を行います。1台の基地局のカバーできるエリア（電波の届く範囲）は送信される電波の強さにより異なるものの、基地局のアンテナから数10メートルから数10キロメートルまでの距離です。そのため、加入者が利用する可能性のある場所をできるだけ通信エリアにするには、多くの基地局の設置が必要です。たとえば、屋外ではビルやマンションの屋上や鉄塔などに、また室内では体育館やショッピングモールの天井や壁などに設置されています。1台の基地局がサポートするエリアのことをセル（Cell、細胞）と呼んでいます。つまり、**図表12-1**のように細胞状の小さいエリアをつなぎ合わせて、全国規模の通信エリアを形成しています。

▶ RANの通信エリア **図表12-1**

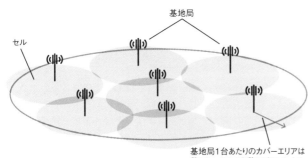

セル
基地局

基地局1台あたりのカバーエリアは
数10メートルから数10キロメートル

多数の基地局によって全国をカバーする通信エリアが作られている

2019年末時点で、日本では50万台以上の4G基地局が設置されています。

○ RANの主な役割

移動通信ネットワークでは、端末が移動するため、端末が別の基地局のエリアに移った場合でも通信を続けられるしくみが必要です（図表12-2）。このしくみをハンドオーバーと呼びます。

また、端末に電話をかけたりメールを送ったりする場合、レッスン11で解説したようにページングにより端末を呼び出す必要があります。そのため移動通信ネットワークでは、端末がアタッチを行った後、端末がどの基地局の電波を受けているかを継続して管理しています。

▶ RANでの移動管理 図表12-2

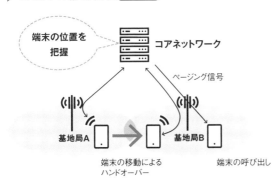

端末が基地局のエリアを変わった場合でも継続して通信が行えるよう、移動通信ネットワークでは端末の位置（どの基地局と通信しているか）を把握している

○ LTEとLTE-Advanced

端末とRANが無線を使って通信する際に使用される技術を無線アクセス技術（RAT = Radio Access Technology）と呼びます。4Gの移動通信ネットワークで主に使われているRATは、LTE（Long Term Evolution）や、それを発展させたLTE-Advancedと呼ばれる方式で、標準化団体である3GPPによって策定されました。LTE/LTE-Advancedでは、RANに使われる基地局をeNodeB（eNB）と呼んでいます。

👍 ワンポイント　基地局のクラス分け

基地局は、サポートできる距離に応じてさまざまな名称で呼ばれます。たとえば、数十メートル程度までをサポートする基地局はピコセル基地局、数十メートルから数百メートルまでをサポートする基地局はマイクロセル基地局、それ以上の広範囲をサポートする基地局はマクロセル基地局と呼ばれます。また、マクロセル基地局以外の基地局をまとめて、スモールセル基地局と呼ぶこともあります。

13

無線基地局の機能と構成

このレッスンの
ポイント

> 基地局は屋外であれば建物の屋上、室内であれば天井や壁
> などに設置されています。基地局は、アンテナと無線装置、
> ベースバンド装置から構成されており、設置場所などによ
> りさまざまな形状があります。

○ 基地局の機能

基地局は 図表13-1 で示すように、アンテナ、無線装置、そしてベースバンド装置から構成されています。実際に電波を出したり受けたりする部分がアンテナで、アンテナが受け取った電波から信号を取り出してベースバンド装置に送る役割を担うのが無線装置です。またその逆に、ベースバンド装置から送られてきた信号を電波に乗せてアンテナに送る処理も行いま

す。ベースバンド装置は、端末から受け取った信号からデータを取り出してそれをコアネットワークに送る処理や、またその逆の処理を行います。

基地局は多数の端末との通信を行います。どの端末と通信を行うのかといった順番（スケジュール）を決めるのもベースバンド装置の役割です。

▶ 基地局の構成図 図表13-1

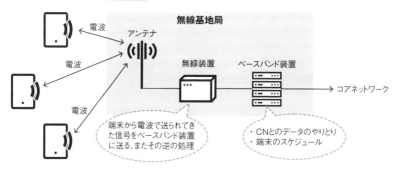

無線装置やベースバンド装置には、ほかにも多くの機能がある

● 基地局の構成

4Gのサービスが開始された頃の基地局は、ベースバンド装置と無線装置は一体になっているか、別の装置でも同じ場所に置かれるのが一般的でした。またアンテナも無線装置とケーブルで接続されるのが一般的でした。ところが基地局を設置する場所が多様になるにつれて、**図表13-2** のようなさまざまな形状の基地局が出てきています。たとえば、アンテナと無線装置だけを屋上に置き、ベースバンド装置は別の場所に置くこともできます。この場合、1台のベースバンド装置で複数の場所に設置されている無線装置を制御することも可能で、集中型RAN（C-RAN＝Centralized RAN）とも呼ばれます。

アンテナと無線装置を一体化することもできます。一体化により、無線装置から各アンテナに送り出す信号のタイミングなどを調整し、アンテナから出る電波の向きをある特定の端末に向けることができます。このような装置はアクティブアンテナシステム（AAS＝Active Antenna System）と呼ばれます。

▶ さまざまな基地局の構成 **図表13-2**

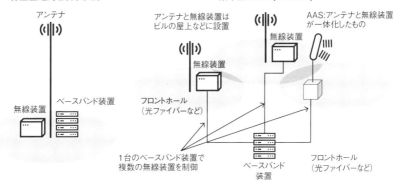

基地局は、設置場所などの条件によってさまざまな構成が存在する

👍ワンポイント　フロントホールとは？

無線装置とベースバンド装置をつなぐ回線のことをフロントホール（Fronthaul）と呼んでいます。このhaulというのは「運搬する」という意味です。無線装置とベースバンド装置との間は高速な通信を必要とするため、フロントホールには光ファイバーが使われます。

[電波と周波数①]

14

電波を使って
通信ができるしくみ

**このレッスンの
ポイント**

端末は、電波を使い基地局と信号のやりとりを行い、移動通信ネットワークに接続します。本レッスンでは、電波を使った通信を理解するために必要な<u>電波の基本的な性質</u>について解説していきます。

● 電波と周波数

電波は電気信号の波であり、一定の周期で振動しながら空気中や真空中を光の速さで伝わります。単位時間あたりの電波の振動回数を周波数と呼び、その単位をヘルツ（Hz）で表します。たとえば、1秒間に1回振動する電波の周波数を1Hzと呼びます 図表14-1。電波を使い信号を送る場合、テレビやラジオと同じように異なる周波数（テレビではチャンネルと呼んでいます）を使うことで、混信せずに情報を送信できます。

▶ 周波数の単位ヘルツ 図表14-1

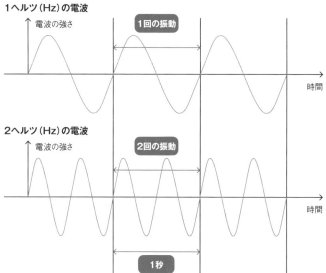

1ヘルツ（Hz）の電波

電波の強さ

1回の振動

時間

2ヘルツ（Hz）の電波

電波の強さ

2回の振動

時間

1秒

縦軸は電波の強さで、横軸は時間を表す。1秒間の振動回数が少ないほど、低い周波数となる

○ 電波の届く距離

電波の性質として、電波の届く距離がその周波数に依存するという点があります。図表14-2 を見てください。電波は、その周波数が低いほど壁などの障害物を通り抜けやすく、物陰にも回り込みやすく、また遠くまで伝わります。

逆に周波数が高くなるほど、壁を通り抜けられなくなり、また遠くまで届きにくくなります。また電波は降雨によっても弱くなる性質があります。特に周波数が高くなるほど、降雨により電波が弱くなります。

▶ 高い周波数・低い周波数 図表14-2

低い周波数の電波

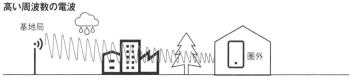

遠くまで飛んでも弱くなりにくく、壁などの障害物も通り抜けやすい。また降雨の影響も受けにくい

高い周波数の電波

すぐに電波が弱くなり、壁などの障害物を通り抜けにくい。さらには降雨でも電波が弱くなる

周波数の「高い」「低い」は、どこからが高いといった基準があるわけではなく、相対的に使われることが多いようです。

👍 ワンポイント　桁の単位を覚える

電波の周波数は非常に大きな数になるものもあり、その大きさによって桁の単位をつけます。たとえば1,000Hzを1キロヘルツ（kHz）、1,000kHzを1メガヘルツ（MHz）、さらには1,000MHzを1ギガヘルツ（GHz）と呼びます。つまり1GHzは1,000,000,000Hz（10億ヘルツ）になります。

NEXT PAGE →

○ 電波に情報を乗せるには

電波はそのまま送れば、一定の周波数で振動する波でしかなく、そこには何の情報もありません。そこで、たとえば強い電波のときを1、弱い電波のときを0であると決めます。送りたい情報によって1秒ごとに電波の強弱を変えれば、1秒あたり1ビットの情報を送ることができます。この時の通信速度は1ビット/秒（bps=bit per second）となります。電波の強弱が1秒間に1回しか変化しない限り、1Hzの周波数の電波で送信しても1MHzの周波数の電波で送信しても、通信速度は1bpsです 図表14-3 。情報の送信に使う電波の周波数を送信周波数やキャリア周波数（キャリアとは「運搬」という意味）と呼びます。

▶ 電波を使い1bpsで情報を送信する例 図表14-3

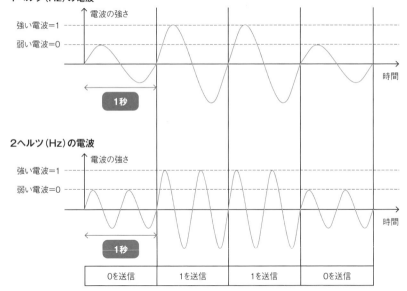

1秒ごとに1か0かを送信するのであれば、その送信周波数が1Hzであっても2Hzであっても通信速度は1bpsとなる。

電波に情報を乗せる方法には、この例以外にもさまざまな方法が使われています。

周波数帯域幅

複数の送信周波数の電波を使い情報を送信することを考えてみましょう。たとえば、1Hzの電波、2Hzの電波というように、1MHzまでの周波数の電波を同時に送信する場合、その電波には1MHz分（100万Hz分）の送信周波数が含まれます。このように、同時に送る周波数の範囲を周波数帯域幅と呼びます。たとえば、100MHzから101MHzまでを使い情報を送信する場合、その周波数帯域幅は1MHzとなります。

> 周波数帯域幅という呼び名は、周波数を横軸にして図を描くとその範囲が帯（バンド）のように見えるところから来ています。また周波数帯域幅はバンド幅と呼ぶこともあります。

電波の伝わる速度と波長

電波は光の速さで空気中や真空中を伝わり、その速度は秒速約30万kmです。基地局のエリアが仮に30kmとすると、エリア端にいる端末であっても基地局から一瞬（0.1ミリ秒、ミリ秒は1000分の1秒）で電波が伝わります。

電波が1周期あたり進む距離を波長と呼びます。1Hzの電波であれば1秒間で1周期となるので、1Hzの電波の波長は30万kmと非常に長くなります。波長は周波数が高くなるほど短くなります。図表14-4の表に示すように、3GHzの電波ではその波長は10cmであり、30GHzになると1cmしかありません。

▶ 周波数と波長の関係 図表14-4

周波数	波長
300MHz	1m
3GHz	10cm
30GHz	1cm

波長は周波数が高くなるほど短くなる

👍 ワンポイント　情報の単位「ビット」

ここに出てくる「情報」とは、たとえばコインを投げて表が出るか裏が出るかといったわからないことを表す量であり、その単位はビット（bit）です。

例えば、コイン投げ1回あたりの結果の情報は、0（表）か1（裏）で表すことができ、その情報量は1ビットであるといいます。

[電波と周波数②]

15 ダウンロード速度を速くするには

このレッスンのポイント

無線区間での通信速度は、送信周波数の範囲である<u>周波数帯域幅</u>によって決まります。周波数帯域幅が大きいほど、つまり広帯域になるほど、通信速度を上げることができます。周波数帯域幅と通信速度の関係を見ていきましょう。

○ 周波数帯域幅と通信速度

1MHz分の周波数帯域幅を使い情報を送ることを考えてみます。1MHz分の電波では、100万（1メガ）個の波を同時に送ることができます。レッスン14の例と同じように、「1」では電波を強く、また「0」では電波を弱くする処理を1秒ごとに行うとすると、それぞれの波に異なる情報を乗せられれば、1秒間で1メガビットの

情報を送信できます。このように、周波数帯域幅を広くするほど通信速度を上げることができます（図表15-1）。

なお、周波数帯域幅はその幅により、広い（広帯域）とか狭い（狭帯域）などと表現されます。なお、「ブロードバンド」も広帯域という意味です。

▶ 周波数帯域幅（バンド幅）図表15-1

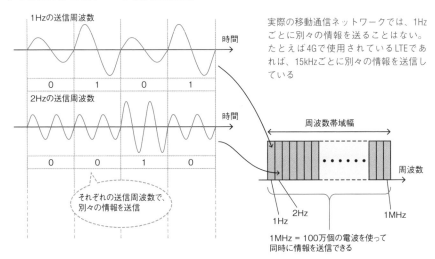

実際の移動通信ネットワークでは、1Hzごとに別々の情報を送ることはない。たとえば4Gで使用されているLTEであれば、15kHzごとに別々の情報を送信している

1Hzの送信周波数

時間

0 1 0 1

2Hzの送信周波数

時間

0 0 1 0

それぞれの送信周波数で、別々の情報を送信

周波数帯域幅

周波数

2Hz
1Hz 1MHz

1MHz ＝ 100万個の電波を使って同時に情報を送信できる

Chapter 2 移動通信ネットワークのしくみ

● 4Gが使う送信周波数

4Gが使用できる送信周波数は、国や地域によって異なります。ここでは日本を例にとり、4Gが使用できる周波数を見ていきましょう。まず、低い周波数と呼ばれるところでは、700/800/900MHz付近の周波数帯と1.5GHz付近が使用できます。もう少し高い周波数帯では1.7/2GHz付近、さらに高い周波数帯では2.5GHz付近と3.5GHz付近も使用できます（図表15-2）。

▶ 日本で4Gが使用できる周波数（2019年末現在の割り当て）図表15-2

周波数帯	周波数の範囲
700MHz帯	上り：718〜748MHz、下り：773〜803MHz
800MHz帯	上り：815〜845MHz、下り：860〜890MHz
900MHz帯	上り：900〜915MHz、下り：945〜960MHz
1.5GHz帯	上り：1427.9〜1462.9MHz、下り：1475.9〜1510.9MHz
1.7GHz帯	上り：1710〜1785MHz、下り：1805〜1880MHz
2GHz帯	上り：1920〜1980MHz、下り：2110〜2170MHz
2.5GHz帯	2545〜2645MHz（2575〜2595MHzは地域MNOもしくは自営向け）
3.5GHz帯	3400〜3600MHz

「上り」というのは端末から基地局への送信に使う周波数で、「下り」というのは基地局から端末への送信に使う周波数。2.5GHz/3.5GHzでは両方向で同じ周波数を使う。このとき、混信を防ぐために、上り送信に使える時間と下り送信に使える時間が決められている

「周波数帯」とは、ある周波数付近の周波数帯域幅を代表的な値で表現したもので、周波数を正確に言う必要がない場合に使われます。たとえば2GHz付近の周波数帯を2GHz帯と呼びます。

👍ワンポイント　周波数割り当て

電波は限られた資源であり国民の財産です。そのため、どの周波数をどの用途に使ってよいか（たとえばテレビ放送用や携帯電話用）という「割り当て」は、国や地域ごとに行われています。日本では、総務省が割り当てを行っています。

16 [コアネットワーク]
コアネットワークの構成と役割

このレッスンの
ポイント

> コアネットワークは大きく分けて、制御プレーンと呼ばれる機能とユーザープレーンと呼ばれる機能で構成されています。4G移動通信ネットワークでのコアネットワークはEPC（Evolved Packet Core）と呼ばれています。

◯ コアネットワークの構成

コアネットワーク（CN）は、端末の近くに置く必要のある基地局と違い、MNOが所有する「ネットワークセンター」などと呼ばれる場所に置かれています。

CNの中を流れる情報には、端末が送受信するユーザーデータ（通話の音声やメールなど）と、端末が移動通信ネットワークに接続するために必要な制御信号（ど

の基地局につながっているかなど）があります。前者のようなデータを処理する部分を「ユーザープレーン」と呼び、後者のような端末の接続や移動管理などを行う部分を「制御プレーン」と呼びます（図表16-1）。4Gの移動通信ネットワークでのCNは、EPC (Evolved Packet Core)と呼ばれています。

▶ コアネットワークの概要図 図表16-1

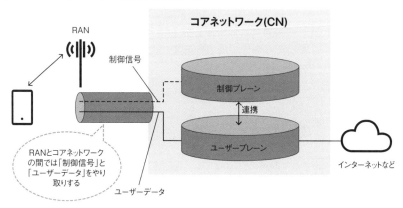

コアネットワークは「制御プレーン」と「ユーザープレーン」で構成される

◯ ユーザープレーン

EPCでのユーザープレーンの代表的な機能要素としてP-GWとS-GWがあります。P-GW（Packet data network Gateway）はPDN-GWとも呼ばれ、インターネットなどの外部のネットワークとつながっています。端末の送受信するメールなどのデータは、このP-GWが接続口となって外部のインターネットなどとやりとりが行われます。このように、異なるネットワーク間（ここでは移動通信ネットワークとインターネットという2つのネットワーク）でデータの受け渡しを行う出入り接続点（門）を、ゲートウェイ（Gateweay）と呼びます。

P-GWと基地局の間に設置させるのがS-GW（Serving Gateway）です。S-GWに

は複数の基地局が接続されており、端末が移動したときに別の基地局に切り替えるハンドオーバー（レッスン17参照）では、このS-GWが基地局を切り替える処理を行います。また、基地局を切り替えた後も端末とP-GWとの間で通信が続けられるように、通信路を確保する処理（ルーティング）もS-GWが行います。

P-GWには、複数のS-GWを接続させることができます。隣接する基地局であってもそれぞれが別のS-GWに接続している場合、ハンドオーバー時にS-GWを切り替える必要があります。その場合は、P-GWがS-GWの切り替えとデータのルーティング処理を行います（**図表16-2**）。

▶ **ユーザープレーン** **図表16-2**

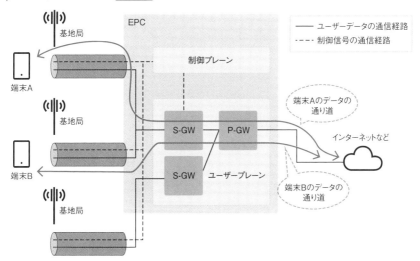

端末はS-GWとP-GWを経由して外部のインターネットなどとデータの送受信を行う。なお、P-GWとS-GWを1つのゲートウェイとして実現することも可能

○ 制御プレーン

図表16-3のようにEPCでの制御プレーンの代表的な機能として端末の移動管理があります。移動管理機能にはネットワーク登録（アタッチ）や端末の呼び出し（ページング、レッスン11）、そしてハンドオーバー制御があります（図表16-4）。これらの移動管理を行う機能要素はMME（Mobility Management Entity、移動管理装置）と呼ばれています。

アタッチでは、レッスン11で述べたように端末のネットワークへの登録手続きを行います。登録の際、その端末がMNOの加入者かどうかの認証にはHSSが使われます。

またページングは、アタッチ済みの端末に対してほかのユーザーからデータが届

いた場合、その端末を呼び出してネットワークに接続させる処理です。ページングの際、MMEは呼び出す端末が電波を受信している基地局に対し、呼び出しを行うよう制御命令を出します。命令を受けた基地局は、呼び出し情報をページング信号に乗せて送信します。

ハンドオーバー制御とは端末が別の基地局のエリアに移動したときでも通信を続けられるようにする手続きです（詳細はレッスン17参照）。

MMEの別の役割として、セッション管理と呼ばれるS-GW/P-GWの設定があります。セッション管理では、端末が外部のインターネットとデータ通信ができるようアドレスや必要な通信速度の設定をします。

アタッチ時の認証に利用するのが HSS（Home Subscriber Server、ホーム加入者サーバー）です。HSS は加入者情報が保存されたデータベースで、アタッチ時に端末から送られてきた加入者情報を受け取り、加入者端末からの接続かどうかの確認などを行います。

👍 ワンポイント ルーティング

ユーザープレーンの解説で示したように、端末はその位置によりさまざまな基地局やS-GWを通って外部のインターネットとデータの送受信を行います。このときに重要となるのは、基地局や

S-GWの切り替え時にデータの通信路を維持管理することです。このように、通信路を維持管理する機能はルーティング（routing）と呼ばれます。

▶ 制御プレーン 図表16-3

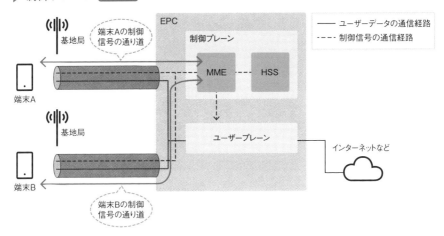

制御プレーンの主な構成要素は、端末の移動管理およびセッション管理を行うMMEと、アタッチ時の認証に必要となるHSSである

▶ MMEによる移動管理 図表16-4

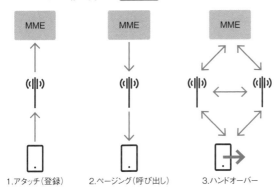

1.アタッチ(登録)　2.ページング(呼び出し)　3.ハンドオーバー

アタッチ、ページング、ハンドオーバーという移動管理は、MMEによって担われている

👍 ワンポイント　バックホール

基地局からの信号は、バックホール（Backhaul）と呼ばれる専用の通信回線を使って中継局に送られ、そこからMNOのネットワークセンターに設置されているCNに送られます。このhaulというのは、レッスン13のワンポイントでも述べたとおり「運搬する」という意味です。バックホール回線としては光ファイバーや無線が使われています。無線を使うバックホール回線では、マイクロ波と呼ばれる3GHzから30GHzまでの周波数が使われています。

[ハンドオーバー]

17 移動しても通信が続けられるしくみ

このレッスンのポイント

移動通信ネットワーク内では、端末が隣の基地局のエリアに移動しても通信を続けることができます。この機能はハンドオーバーと呼ばれ、RANとコアネットワークの連携により実現されています。

● 端末から見たハンドオーバー処理

ハンドオーバーは、図表17-1 のように端末が現在通信をしている基地局から遠く離れてしまい、電波が弱くなってしまったときなどに行われます。端末は、ある基地局と通信しているとき、その基地局からの電波の強さに加え、近くの基地局からの電波の強さも測定しています。測定の結果、隣の基地局からの電波が現在受信している基地局からの電波より強くなってくると、RANにその情報を伝えます。するとRANは、電波の強い基地局と通信をするよう端末に命令を出し、端末は新しい基地局と通信を始めます。

▶ 端末から見たハンドオーバー処理 図表17-1

1. RANは基地局Bと通信をするよう命令を出す
2. 端末は、基地局Aとの通信を切断し、基地局Bと通信を始める

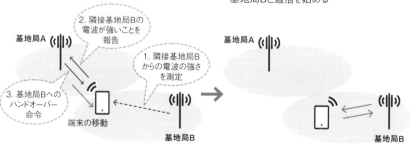

移動通信ネットワークでは、端末の測定した電波の強さをもとにどの基地局に接続させるか（ハンドオーバーさせるか）を決定する

● 移動通信ネットワークから見たハンドオーバー処理

次に移動通信ネットワークから見たハンドオーバー処理を見てみましょう（図表17-2）。RANは、基地局からの電波の強さの測定結果を端末から受け取っています。現在つながっている基地局からの電波が弱くなったと判断すると、端末に新しい基地局と通信を始めるよう命令を出します。これまでつながっていた基地局は、新しい基地局に対し端末が移動することを伝え、データの引き継ぎをします。移動先の基地局は、端末が移動してくることをMME（レッスン16参照）に伝えます。MMEはS-GWに対して、通信先が新しい基地局になることを伝えます。S-GWはデータの経路を移動元の基地局から移動先の基地局へと切り替えます。これらの手続きにより、端末は移動先の基地局を使って外部のネットワークなどと通信を続けられます。

▶ 移動通信ネットワークから見たハンドオーバー処理 図表17-2

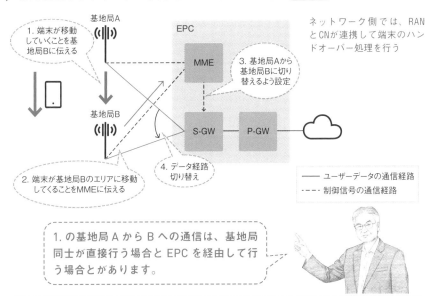

1. の基地局 A から B への通信は、基地局同士が直接行う場合と EPC を経由して行う場合とがあります。

👍 ワンポイント　ほかにもあるハンドオーバー

ハンドオーバーには基地局を切り替える「セル間ハンドオーバー」のほかに、「周波数間ハンドオーバー」と「RAT（無線アクセス技術）間ハンドオーバー」があります。前者は周波数帯の混雑を緩和（オフロード）したいときなどに使われます。また後者は、たとえば4Gを使って通信している端末を、3Gなどに切り替えさせる場合などに使われます。

Lesson [インフラシェアリング]

18 移動通信ネットワークをシェアする

このレッスンの
ポイント

原則としてMNOは自分自身で移動通信ネットワークを構築しています。しかし、基地局の設置場所が限られている場合や、利用者がほとんどいない地域などでは設備を共用することがあります。

● インフラ共用が必要な理由

日本での携帯電話加入数はすでに日本の人口を上回っており、移動通信ネットワークは電気やガスと同じく社会基盤となっています。これほどの大規模ネットワークを一事業者だけで構築し、また維持管理するには、多額の費用が必要です。そのため、複数のMNO間でネットワーク設備（インフラ）を共用するインフラシェアリングが行われています（図表18-1）。インフラ共用にもさまざまな形態があり、たとえば基地局の設置場所の共用や、基地局のアンテナや無線装置の共用があります。また、コアネットワークを共用する場合もあります。

▶ さまざまなインフラシェアリング 図表18-1

基地局の設置場所の共用

アンテナや無線装置の共用

コアネットワークの共用

インフラ共用には、設置場所の共用、RAN設備の共用、そしてCN設備の共用などがある

インフラシェアリングには、①あるMNOが自分の設備を別のMNOも使えるよう提供する場合、②MNOが共同で設備をシェアする場合、また③第三者が設備を準備しそれを複数のMNOに提供する場合など、多様な事業形態（ビジネスモデル）があります。

● RANとCNの共用

レッスン12でも解説したように、基地局1台あたりの通信エリアは最大でも数10キロメートル程度であり、日本全国をエリアにするには非常に多くの基地局が必要です。ところが、ほとんど人の住んでいない場所のように採算性の点でMNOが基地局を設置しづらい場合や、トンネル内や山岳地域のように基地局の設置やバックホール用の光回線の敷設が困難な場所もあります。このような地域でも通信エリアにできるように、図表18-2で示すようにトンネル内や地下街、建物内などでアンテナや無線装置を共用することがあります。また、郊外ではアンテナを設置する鉄塔を共用したりします。

コアネットワークの共用としては、異なる地域でRANを構築している地域移動通信事業者（地域MNO）が集まり、共通のコアネットワークを持つ例があります（図表18-3）。

▶ **RANでのインフラ共用** 図表18-2

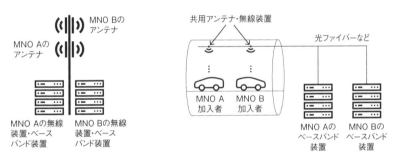

アンテナを設置する鉄塔を共用する例

MNO Bのアンテナ
MNO Aのアンテナ
MNO Aの無線装置・ベースバンド装置
MNO Bの無線装置・ベースバンド装置

トンネルでアンテナ・無線装置を共用する例

共用アンテナ・無線装置
光ファイバーなど
MNO A 加入者
MNO B 加入者
MNO Aのベースバンド装置
MNO Bのベースバンド装置

鉄塔やトンネル内設備の共有では、第三者が設備を準備してMNOに提供する場合が多い

▶ **コアネットワーク共用** 図表18-3

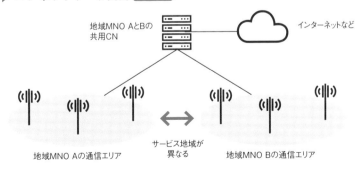

地域MNO AとBの共用CN
インターネットなど

地域MNO Aの通信エリア
サービス地域が異なる
地域MNO Bの通信エリア

異なるサービス地域でRANを運用する地域MNOが共同でCNを運用する例

Lesson

19

[セキュリティ]

移動通信ネットワークのセキュリティ

**このレッスンの
ポイント**

移動通信ネットワークでは、端末と基地局の間の無線区間を流れる信号は暗号化されており、第三者が電波を受信してその信号を見たとしても、その中身はわからないようになっています。

○ 通信の秘密

通信を第三者に知られずに行うことは「通信の秘密」と呼ばれ、日本国憲法でも保障されています。したがって移動通信ネットワークを使って行う通信での秘密もまた、電波法や電気通信事業法などの法律で保護されています。

移動通信ネットワークでは、加入者の通信の秘密を保護するため、第三者が盗聴できないしくみになっています。具体的には、ユーザー端末とRANの間の無線区間およびRANとCNの間を通信路は暗号化されており、仮に第三者がこれらの通信路を流れるデータを盗み見たとしてもその中身がわからないようになっているのです（図表19-1）。なお、ここでは主にユーザーデータの保護について解説しますが、広い意味では、基地局やコアネットワークの破壊や妨害電波に対する保護などもセキュリティに含まれます。

▶ 移動通信ネットワークのセキュリティとは 図表19-1

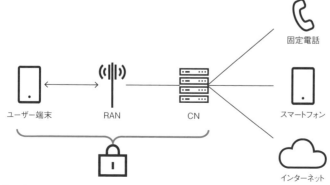

固定電話

ユーザー端末　RAN　CN　スマートフォン

インターネット

第三者が通信内容を盗聴できないようなしくみ

◯ ユーザープレーンのセキュリティ

端末とCNの間を流れるユーザープレーンの情報（たとえば音声通話やメールの内容など）は、端末とCNのみが知る鍵で暗号化されていて、RANを構成する基地局は、通信相手のアドレスを含め、その内容を知ることができません（図表19-2）。したがって、仮に第三者が電波を受信してその信号の中身を見てもデータの内容はわかりません。

▶ ユーザーデータの暗号化 図表19-3

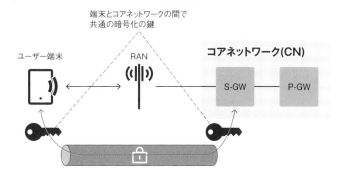

ユーザーデータは端末とコアネットワークの間で暗号化されており、RANではその内容を見られない

◯ 制御プレーンのセキュリティ

ユーザーデータの暗号化に必要な鍵の受け渡しは、端末とCN内のMMEとの間で行われます。この鍵の受け渡しそのものが第三者に見られないよう、端末とMMEの間も暗号を使って信号をやりとりします（図表19-3）。制御プレーンで必要な暗号化の手続きはアタッチ時に行われます。

▶ 制御信号の暗号化 図表19-3

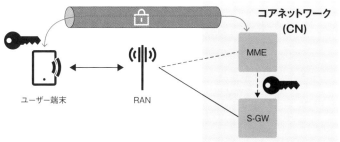

端末と基地局の間の通信も暗号化されています。

端末とMMEの間も暗号を使って情報を交換する。これにより、ユーザープレーンで使用する暗号化の鍵は、暗号を使って交換される

ⓘ COLUMN

通信と標準化

通信の目的は、誰かと誰かをつなげることです。そのためには話す人と聞く人との間で約束事が必要です。たとえばAさんが「あ」というひらがなを「0010」という数字の列に変換してBさんに送ったとします。もちろんBさんは「0010」が「あ」であると知っていないと「0010」はただの数字の列にしか見えません。このように通信に欠かせないのが、何をどのように送るかという約束であり、この約束を決めることを「標準化」といいます。

通信の標準化では、何をどのように送るかという「送り方」を厳密に決めます。その一方、「受け方」については、それほど決めません。実は、ここがメーカーの腕の見せ所になります。送り方は同じでも、よりよく受けることができれば、それが差別化できる要因になります。わかりやすい例が、端末のダウンロード速度です。同じ場所において同じ基地局から同じ信号を送っても、端末の種類によりに通信速度が違いますし、電池の減り方も違います。その理由は、端末に使われている信号の受け方の方法（アルゴリズム）や端末の設計（アンテナの位置など）がメーカーによって異なるためです。

通信の標準化で代表的な団体には、移動通信ネットワークの標準化を行っている3GPP（3rd Generation Partnership Project）があります。3GPPは、世界の国・地域の標準化団体の集まりで、もともとは第3世代移動通信ネットワーク（3G）の標準化のために設立されました。名前はまだ3GPPですが、3Gだけではなく、4Gや5GのRANおよびコアネットワークの標準化を行ってきています。

ほかの代表的な標準化機関として、Wi-Fiで知られる無線LANの規格を策定しているIEEE（Institute of Electrical and Electronics Engineers、米国電気電子学会、「アイ・トリプルイー」と呼びます）という専門職団体があります。

無線通信技術を標準化することの利点は、仕様を見れば誰でも通信機器（端末や基地局、CNなど）を製造できるという点です。誰でも製造できるということは、メーカー間で競争が起こり、価格がより安くなったり、また性能のよい製品（より小型化した装置や、より消費電力の少ない装置など）が出やすくなったりするといった利点があります。

あるメーカーが何らかの理由である機器の製造をやめたとしても、MNOはほかのメーカーの製造する製品を購入して通信サービスを継続して行うことができます。

Chapter

3

さまざまな通信の
形を知る

前章では、移動通信ネットワークの
しくみについて解説しました。この
章では、その移動通信ネットワーク
を使用する通信そのものに注目して
解説していきます。

[通信の種類]

20 人の通信、モノの通信

**このレッスンの
ポイント**

通信には、人がスマートフォンなどを操作して行うような通信と、機械やモノが人の手を介さずに行う通信とに大きく分けることができます。これら2種類の通信の特徴を見ていくことにしましょう。

⭕ 人の通信

スマートフォンのように人が操作する端末では、音声通話とデータ通信が主なユースケース（使用法）です。データ通信には、**図表20-1**のようにメールやWebの閲覧、チャット、音楽やビデオの配信、モバイルルーター、そしてモバイル決済などが含まれます。これらの通信の特徴としては、通話やビデオ配信のように一定量のデータを継続的に送受信する場合と、メールやチャットのようにさまざまな大きさのデータを断続的に送信する場合の2つがあります。どちらの場合であっても、光回線などで家庭に提供されている固定ブロードバンドと同じような通信サービスがあれば実現できます。

移動通信ネットワークでのブロードバンドサービスを特に「モバイルブロードバンド」（MBB = Mobile Broadband）と呼びます。レッスン2で解説したように、4Gでのデータ通信は、モバイルブロードバンド＝「人の通信」に最適化されています。

▶ モバイルブロードバンド型の通信 **図表20-1**

SNS・チャット

メール

Web

ビデオ・音楽

モバイルルーター

音声通話

モバイル決済

モバイルブロードバンドは、固定のブロードバンドサービスと同等の通信サービスを提供する

モバイルブロードバンドは、混雑するほど遅くなります。このような通信はベストエフォート型の通信と呼ばれます。

● モノの通信

モノの通信はMTC（Machine Type Communications、マシン型通信）型の通信とも呼びます。MTC型通信もさまざまで、中には監視カメラのように動画を連続して送信する端末もあります。これはモバイルブロードバンド型と同等の通信といえます。MTC型通信に見られる特徴の1つに、メーターやセンサーなど、少ないデータを一定時間おきにサーバーに送る点があります。このような端末は、人が普段住んでいない場所にも設置されるので、数年にわたり電池の交換や充電なしで動き続けることが必要です。このような特徴を持つ通信を特に「LPWA型通信」と呼ぶこともあります。

別のMTC型通信として、データを送ってから届くまでの時間（遅延時間）に厳密な決まりのあるものがあります。たとえば、交通制御やロボット制御などです。これらのユースケースでは、データの到着が遅れると（データが古くなると）渋滞が発生したり、ロボットが制御できなくなったりします。また、データの誤り率（送信中にデータの値が変わってしまう確率）が小さい、すなわち信頼性が高いことも重要です。レッスン5でも解説したように、低遅延で高信頼性を必要とする通信を「URLLC型」の通信と呼ぶこともあります（図表20-2）。

▶ 2種類のMTC型通信 図表20-2

LPWA型

サーバー

センサー　　メーター

LPWA型の通信では、センサーやメーターの情報を定期的にサーバーに送信

URLLC型

産業機械コントローラーなど

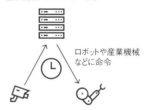

ロボットや産業機械などに命令

センサー情報など　　ロボットや産業機械

URLLC型の通信では、決められた時間内に誤りなくデータを送信

LPWA は Low Power Wide Area の頭文字を取ったもので「低消費電力で広域」な通信を意味します。

スマートフォンでの
音声通話のしくみ

このレッスンの
ポイント

音声通話は移動通信ネットワークでの重要なユースケースであり、5Gの時代になってもなくなることはありません。音声通話では、「通信遅延」を一定時間以内に抑えることが大切で、4Gでそれを実現しているのがVoLTEです。

○ 音声通話の特徴

音声通話では、人が話すことによる音声データが連続的に発生します。それだけではなく、発した音声データは、すぐに相手が聞こえるようにする必要があります。なぜなら、自分の話した内容に対して、相手の返事がなかなか返ってこないと、会話が成り立たないからです（図表21-1）。違和感なく音声通話を行うためには、通話先の人が声を発してから相手がその声を聴くまでの時間（遅延時間）をある一定時間以内（たとえば0.1秒）に抑える必要があります。

▶ 音声通話で重要な遅延 図表21-1

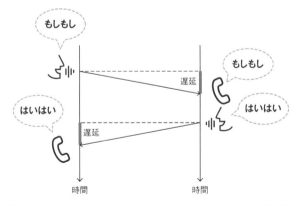

光回線で提供されるIP電話では、端末間の遅延は0.15秒未満にするよう規定されています。

通話先の人が「もしもし」と言ってから、それを聞くまでの遅延時間をある一定時間以内にしないと、話をする人が違和感を持つ

スマートフォンアプリによる音声通話

4GのコアネットワークであるEPC（レッスン16参照）は、データ通信に最適なパケット交換方式を用いています。この方式では、送信するデータ（画像やメールなど）を小さなデータ（パケット＝小包）に分割して送信します。音声通話をパケット交換で送る場合は、まずマイクで音声を録音し、その音声データをたとえば0.02秒ごとに相手に送ります。この時点で0.02秒の遅延が発生しています。全体の遅延時間をたとえば0.1秒に抑えるには、残りの0.08秒で相手の端末に音声データ

を送信し、かつ通話先で送られてきた音声データをつなぎ合わせ、音声として再生する必要があります。

移動通信ネットワークでは、アプリによる通話（SNSアプリなどで提供される通話）での音声データは、メールやWebなどでやりとりされるデータと同じように扱われます。そのため、ネットワークが混雑してくると、音声データの到着に長い時間がかかったり、音声データの一部が消えたりします。

VoLTE（ボルテ）

VoLTE（Voice over LTE）とは、4Gネットワークを使った音声通話専用のサービスのことで、基本的なしくみは先のアプリを用いた音声通話と同じです。違いは 図表21-2 のように、ネットワークが混雑

していても、VoLTE用の音声データに関しては優先的に送られるという点です。このしくみにより、通話の遅延をたとえば0.1秒未満に抑えられます。

▶ アプリによる通話とVoLTE 図表21-2

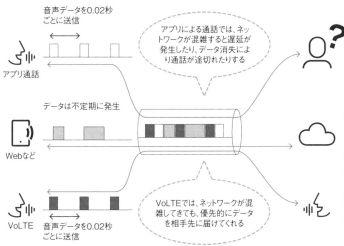

音声データを0.02秒ごとに送信

アプリ通話

アプリによる通話では、ネットワークが混雑すると遅延が発生したり、データ消失により通話が途切れたりする

データは不定期に発生

Webなど

VoLTE

音声データを0.02秒ごとに送信

VoLTEでは、ネットワークが混雑してきても、優先的にデータを相手先に届けてくれる

VoLTEはMNOのサービスとして提供されており、MNOは、VoLTE用のデータがほかのサービスのデータ（たとえばWebなど）に比べて高い優先度で通信できるよう設定している

22

[SIM]

SIMとその役割

このレッスンの
ポイント

携帯電話ネットワークに接続するには、携帯電話番号や加
入者情報の書かれたモジュールであるシム（SIM）が必要
です。SIMには、ICチップに実装されたものやソフトウェ
アとして実装されたものがあります。

○ SIMとは？

SIM（Subscriber Identity Module、シム）と
は、加入者を特定するために必要な情報
を含むモジュールであり、通常はMNOか
ら発行されます。ICチップの形で提供さ
れるSIMは、SIMカードと呼ばれます。
SIMには、携帯電話番号やIMSI（イムジ、
International Mobile Subscriber Identity）と
呼ばれる全世界で加入者を一意に識別す
る番号、優先して接続するMNO情報など

が書き込まれています（**図表22-1**）。MNO
情報は、基地局が定期的に送信している
システム情報に含まれています。RANに
接続するとき（レッスン11参照）、端末
はシステム情報内のMNO情報を確認しま
す。そのMNO情報がSIMに書かれている
内容と一致すれば、端末はそのネットワ
ークに登録するためアタッチ処理を開始
します。

▶ SIMの役割 **図表22-1**

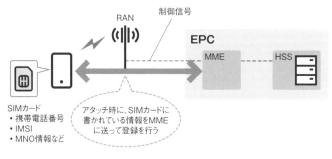

SIM内の認証情報によって、端末はMNOの移動通信ネットワークに登録できる

◯ SIMロック

LTEに対応した端末であれば、キャリア周波数が一致すれば、原理的にはどのMNOの運用するLTE基地局とでも接続できます。ところがMNOが自分のショップなどで販売する端末には、そのMNOのSIMを使わないとネットワークに接続できないよう

に制限された端末が存在します。このような状態の端末をSIMロックされた端末と呼びます。それに対して、どの事業者のSIMでも使えるようになっている端末をSIMロックフリー端末と呼びます（図表22-2）。

▶ SIMロック端末・SIMロックフリー端末 図表22-2

MNO A用にロックされた端末

MNO A用にSIMロックされた端末にMNO BのSIMカードを挿入してもMNO Bのネットワークには接続できない

SIMロックフリー端末

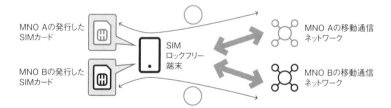

SIMロックフリー端末は、どのMNOのSIMカードを挿入しても、そのSIMを発行したMNOのネットワークに接続できる

◯ 組み込み型SIM（eSIM）

SIMは必ずしもICチップになっている必要はなく、スマートフォンやIoT端末内の一機能として実現することもできます。このような考えで作られたものが組み込み型SIM（eSIM=Embedded SIM）と呼ば

れるSIMです。eSIM機能が搭載された端末では、ユーザーは加入者情報や電話番号などをダウンロードするなどして、MNO発行のSIMカードを挿した場合と同じ振る舞いをさせることができます。

[モバイルブロードバンド]

23 スマートフォンでの データ通信のしくみ

**このレッスンの
ポイント**

モバイルブロードバンドで必要とされるのは<u>高速通信</u>です。たとえば無線区間では多値変調やMIMOなどの技術を用いて、限られた周波数帯域幅を最大限に使用して高速化を実現しています。

○ モバイルブロードバンドで必要な通信速度

MBB用途では、端末は移動中であってもさまざまなデータのダウンロードやアップロードなどを行います。中には動画の視聴のように大量のデータのやりとりを行う場合もあるため、<u>必要とされる端末の通信速度は送受信ともに数100Mbps以</u>上となっています。移動通信ネットワークで高速通信を実現するためには、図表23-1のように端末と基地局との間の無線区間の高速化、そして基地局とCNとの間の通信回線（バックホール）の高速化が必要です。

▶ 移動通信ネットワークでの高速化 図表23-1

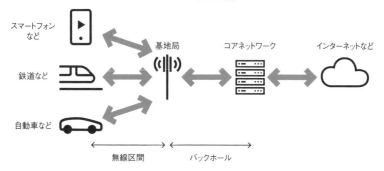

無線区間とバックホール両方の高速化が必要

外部のインターネットまでも含めた高速化のためには、コアネットワークとインターネットの間も高速化が必要ですが、この部分は移動通信ネットワークの範囲外になります。

○ 無線区間の高速化

レッスン15でも解説したように、無線区間の速度を上げる簡単な方法は周波数帯域幅を広くすることです。ところが、電波は移動通信ネットワークだけが使っているわけではないため、割り当てられた帯域幅の周波数（レッスン15参照）しか使うことができません。そこで、周波数あたり運べるビット数を増やす多値変調という技術や、複数のアンテナから異なるデータを同時に送信して速度を上げるMIMO（マイモ: Multiple Input Multiple Output、複数入力・複数出力という意味）という技術などを使い、限られた周波数帯域幅での高速化を実現しています（図表23-2）。

▶ 無線区間での高速化方法 図表23-2

周波数帯域幅の広帯域化

→ 周波数

データ送信に使用する周波数帯域幅の広帯域化による高速化

多値変調

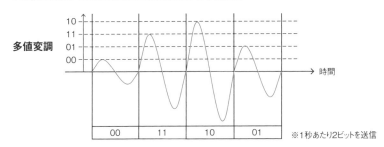

※1秒あたり2ビットを送信

周波数1Hzあたりの送信ビットを増加させることによる高速化

MIMO（マイモ）

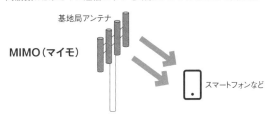

基地局アンテナ

スマートフォンなど

複数の送受信アンテナを使い、各アンテナから異なるデータを同時に送信することによる高速化

👍 ワンポイント　バックホールの高速化

有線を使ったバックホール回線の場合、高速な光回線を使うことで高速化を行います。無線を使ったバックホール回線の場合は、無線区間の高速化と同様、広帯域化や多値変調を使って高速化を行います。

[通信モデム]
24 端末側の通信のしくみ

**このレッスンの
ポイント**

スマートフォンやIoTなどの端末の形状にかかわらず、**移動
通信ネットワークへの接続に不可欠なプロセッサーがモデ
ム**です。このモデムの機能によって、通信のできる国や
MNO、そして通信速度なども決まります。

○ どんな通信端末にもモデムが組み込まれている

端末の中で最も身近なものは、図表24-1
に挙げた折り畳み式の携帯電話やスマー
トフォン、それにモバイルルーターなど
のデータ通信製品です。一方IoTとして使
う端末は、通信モジュールと呼ばれる形
で市販されており、家電製品やメーター、

自動販売機、自動車などに組み込んで使
います。これらのスマートフォンや通信
モジュールには、**モデム（Modem＝Modu
lator Demodulator）と呼ばれる通信用プロ
セッサーが必ず組み込まれています。**

▶ 移動通信端末の種類 図表24-1

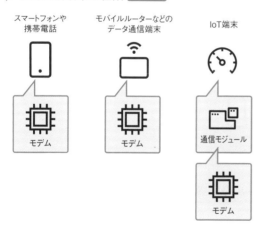

スマートフォンや
携帯電話

モバイルルーターなどの
データ通信端末

IoT端末

モデム

モデム

通信モジュール

モデム

移動通信ネットワークに接続するには、モデムと呼ばれる
通信用プロセッサーが必要

モデムという言葉は「変調・
復変調」から来ており、も
ともとはアナログ電話を
使ってデータ通信を行う装
置のことを指していました。

○ モデムの概要

モデムは、端末が移動通信ネットワークに接続するために必要なすべての処理を行います。図表24-2のとおり、モデムは大きく無線処理（RF＝Radio Frequency）部とベースバンド処理部とに分けられます。RF部は、アンテナで受信した電波から信号を取り出し、ベースバンド処理部に送る処理を行います。また逆に、ベースバンド処理部からの信号を電波に乗せアンテナから送る処理を行います。ベースバンド処理部では、RANから送信された信号からデータを取り出し、アプリに渡します。また逆に、アプリから受け取ったデータをRANに送る処理を行います。RANとの接続管理（アタッチやハンドオーバー処理など）もベースバンド処理部の役割です。

▶ モデムの構成 図表24-2

モデムは、移動通信ネットワークへの接続機能を提供し、通信データのやりとりを行う

ある MNO の基地局に端末がつながるかどうかは、端末内の RF 部がその基地局の使用する周波数帯をサポートしているかによって決まります。世界のほとんどの国で使用できるような多くの周波数帯をサポートするモデムもあれば、特定の MNO 向けに 4、5 程度の周波数帯しかサポートしないモデムもあります。

🔌 ワンポイント　モデムとOSの架け橋、アプリケーションプロセッサー

モデム単体では、iOSやAndroidなどのスマートフォンのオペレーティングシステム（OS＝Operating System）を動かせません。これらのOSを動かすには、アプリケーションプロセッサーと呼ばれる別のICチップが必要になります。

アプリケーションプロセッサーは、スマートフォンを動かすための中心となるプロセッサーであり、OSやアプリの実行、画面表示、動画や音楽の再生、また動画や写真の撮影なども行います。

25 MTC型通信の代表「LPWA」

このレッスンの
ポイント

MTC型通信の代表がLPWAです。LTEでもLPWA型通信に適したサービスとしてLTE-MとNB-IoTの2つが提供されています。LTEを使ったLPWA以外にも、免許不要帯域を使うLPWAもあります。

◯ LPWA型通信の特徴

レッスン20で解説したように、センサーやメーターなど、定期的に少量のデータを送信するような端末をLPWA型端末と呼びます。LPWA型端末は、山や森の中や河川をはじめ、壁の中やマンホール内など、人が普段いない場所にも設置されます。電波を遠くまで、また壁やマンホ

ールの蓋をすり抜けさせて飛ばすには、レッスン14でも説明したように低い周波数を使うことが効果的です。そのためLPWA端末向けには、4Gでは700/800/900MHz付近の周波数帯が主に使用されます（図表25-1）。

▶ LPWA型通信で使用される送信周波数 図表25-1

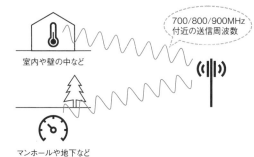

700/800/900MHz
付近の送信周波数

室内や壁の中など

マンホールや地下など

壁の中やマンホール内などに設置されたLPWA型端末と基地局とで通信を行う場合、1GHz未満の低い送信周波数が効率的

LPWA用途に低い周波数を使う利点には、電波を遠くまで飛ばせる点もあります。山や森など人の少ないエリアであれば、少ない数の基地局で広い通信エリアを作ることができます。

● LTEを使用したLPWA規格

LTEを使ったLPWA端末向けの通信規格として、LTE-MとNB-IoTが標準化されています（図表25-2）。これらの規格はLTEのRANを使用しますが、通信速度は低速でよいため、使用する周波数帯域幅がスマートフォンなどのMBB向けに比べて非常に狭くなっています。最も狭いとき、LTE-MであればでLTEの6%程度、NB-IoTで

あればLTEの1%程度しか使用しません。帯域幅の削減は端末の電池を長持ちさせる効果もあり、条件にもよりますが、単3電池2個で10年持たせることも可能です。NB-IoTは主にセンサーやメーター向けの規格であり、LTE-Mはある程度の高速通信やハンドオーバーも考慮した一般的なIoT端末向けの規格です。

▶ LTE-MとNB-IoT 図表25-2

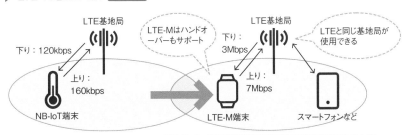

※示されている通信速度は2019年末現在の規格での最大値

NB-IoT：センサーやメーターなど基本的に動かないIoT端末向けLPWA規格
LTE-M：移動も考慮した一般的なIoT向けLPWA規格

IoT用途では、センサー情報のアップロードなど端末からのデータ送信が多いため、端末から基地局（上り）への最大通信速度が高くなっています。

👍 ワンポイント　免許不要帯域

4Gで使用される周波数帯は免許帯域と呼ばれ、国から周波数免許を受けた人（たとえばMNO）が、免許を受けた地域でその周波数を独占的に使用することができます。その一方、一定の技術的な基準を満足すれば、どのような端末や基地局でも利用できる周波数帯が

あり、免許不要帯域と呼ばれます。代表的な免許不要帯域として、Wi-Fiの使用する2.4GHz帯や5GHz帯があります。また、主にLPWA端末向けとして、920MHz付近にも免許不要帯域があります。

26 [URLLC]
移動通信ネットワークを工場で使うには

このレッスンの
ポイント

移動通信ネットワークの高度化により、工場などの産業分野でも無線を使用することが検討されつつあります。産業分野では、モバイルブロードバンド型やMTC型の通信とは異なるURLLC型の通信が必要です。

● URLLC型通信のユースケース

レッスン5で解説したように、URLLC型通信とは高信頼で低遅延であり、産業分野などで使われる通信を想定しています。現在でも産業分野で通信は活用されているものの、通信自体は通信ケーブルによる有線接続で行われています（図表26-1）。

通信ケーブルを使う理由は、産業分野での通信は、わずかの時間でも通信が停止することが許されなかったり、必要なすべての機器に一定時間以内にデータを届ける必要があったりと、MBBやMTCに比べて非常に厳しい要求があるためです。

▶ 産業分野での通信の利用 図表26-1

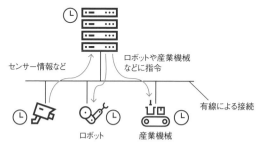

産業機械コントローラーからの制御データは数ミリ秒（1ミリ秒＝1000分の1秒）以内に制御の必要なすべてのロボットや産業機械に届く必要がある。また、協調動作のためには、ネットワーク内機器の時刻が同期している必要がある

● 産業分野での通信の特徴

工場で使用される産業機械やロボットの多くは、コントローラーなどから一定時間ごとに送信された制御信号で制御されています。コントローラーもまた、センサーなどから一定時間ごとに送られてくる情報をもとに機械の動作を決定します。このように、センサーから受け取った情報を使い複数の機器を制御するには、制御信号をすべての機器に短時間（たとえば1000分の1秒）の間に確実に届ける必要があります。すなわち低遅延高信頼性が必要です。

別の特徴として「時刻の同期」があります。時刻同期とはネットワークにつながる機器がすべて同じ時刻情報を持っていると

いうことです。たとえば、組み立て工場で複数のロボットを協調させて組み立てを行わせたいとします。このとき、ロボットのコントローラーは「ある時刻にどのような動作をするか」という制御信号を複数のロボットに送ります。ネットワーク内の機器がすべて同じ時刻情報を持っていれば（時刻同期していれば）、ロボットは強調して組み立て作業をすることができます。

レッスン7で解説したように、工場の所有者などが自分自身で自営ネットワークを構築し、このような機能を無線でも実現することが可能になってきています。

> 無線を使えば、配線ミスもなくせます。これは特に、生産ラインの組み換えが頻繁に起こる工場で有用です。またケーブル設置に必要な場所も不要になるという利点もあります。

👍 ワンポイント　バーティカル産業とは？

URLLC型の通信は、これまでMNOが4Gで提供していたMBBやMTCとは異なる性質を持つ通信です。したがって、その利用者もスマートフォンなどを利用する一般ユーザーではなく、製造業や自動車産業など、これまでMNOのネットワークサービスを使ってこなかった業種です。MNOの立場からすれば、こ

れらの業種は専用のネットワークを構築しているという意味で、バーティカル（垂直）産業と呼ぶことがあります。また、農業・漁業や建設業など、これまで移動通信ネットワークを積極的に活用してこなかった業界もバーティカル産業と呼ぶことがあります。

ⓘ COLUMN

ネットワークインフラベンダーの役割

全国規模の移動通信ネットワークの構築には大きな投資が必要です。まず必要なのはRANとコアネットワークです。また全国をサービスエリアにするには、基地局を設置する場所の確保が欠かせず、CNとのバックホール回線や中継局も用意しなければなりません。ほかには、CNを収容するネットワークセンターも必要です。

ユーザーが使用するスマートフォンなどの端末は端末メーカーが作りますが、モデムやアプリケーションプロセッサーなどのチップセットは、チップセットサプライヤーと呼ばれるメーカーが主に製造しています。したがって、端末がネットワークに正しく接続して通信できるか検証が必要となり、これには端末ベンダーとチップセットサプライヤーとの協力が不可欠です。

これらすべてをMNOだけで行うのは不可能であり、そこにネットワークインフラベンダー（装置ベンダー）の役割

があります（図表26-2）。

ネットワークインフラベンダーは、もちろんインフラ機器である基地局などのRAN製品やMMEなどのコアネットワーク製品の開発を行っています。また、これらの製品が端末と通信できるかを検証するために、端末チップセットベンダーと相互運用試験（IODT＝Interoperability Development Test）を行っています。ネットワーク製品をMNOに納入した後も、インフラベンダーは、ネットワークの運用や保守、最適化を引き受けることもあります。

また世界中の移動通信ネットワークの運用などで得られた知見をもとに、将来の移動通信ネットワークを高度化するための研究や実証実験、標準化機関への提案なども行っています。

今後はバーティカル産業向けなどにプライベートネットワークの構築などのサービスも増えてくると考えられます。

▶ **インフラベンダーの役割** 図表26-2

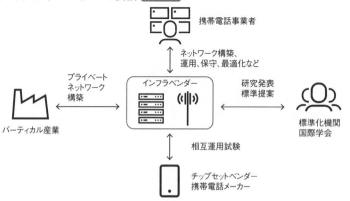

5Gの時代には、バーティカル産業向けのプライベートネットワーク構築も増えてくると考えられる

Chapter

4

5Gで移動通信ネットワークはどうなるか？

この章では、5Gでの移動通信ネットワークについて解説します。3GPPで標準化された5G向け無線アクセス技術NRとそれを実現するRAN、そして5G向けコアネットワークの5GCを解説していきます。

27 5G移動通信ネットワークの概要

このレッスンの
ポイント

レッスン5で解説した5Gの要求条件を実現するため、3GPPでは5G向けの移動通信ネットワークの標準化が行われました。RANで使用される無線アクセス技術はNRと呼ばれ、またコアネットワークは5GCと呼ばれています。

○ 5Gでのネットワーク構成

移動通信ネットワークの標準化団体である3GPPでは、レッスン5で説明した5Gの要求を実現する移動通信ネットワークの技術標準を策定しています。4Gまでのネットワークと同く、5G移動通信ネットワークも無線アクセスネットワーク（RAN）とコアネットワーク（CN）から構成されています（図表27-1）。5G移動通信ネットワークでは、RAN部分で使用される無線アクセス技術はNRと呼ばれ、コアネットワークは5GCと呼ばれます。また基地局もgNode（gNB）と呼ばれます。

▶ 3GPPでの4Gと5Gでの呼び方の違い　図表27-1

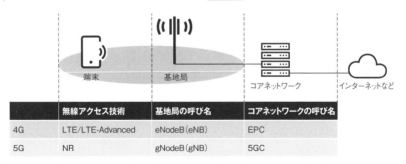

	無線アクセス技術	基地局の呼び名	コアネットワークの呼び名
4G	LTE/LTE-Advanced	eNodeB(eNB)	EPC
5G	NR	gNodeB(gNB)	5GC

4Gと5Gでは、無線アクセス技術、基地局、コアネットワークの呼び名が異なる

⚫ 5G無線アクセス技術、「NR」

5Gでは高速化だけではなく、低遅延性や高信頼性、また大量のMTC端末の接続などさまざまな要求を満足する必要があります。そのために3GPPで標準化された無線アクセス技術がNR（New Radio）です（図表27-2）。4Gでは高速通信が主なユースケースであったため、LTE/LTE-Advancedはモバイルブロードバンド型通信に最適化されていました。ところが5Gでは、モバイルブロードバンドを拡張したeMBBに加えてURLLCや大量MTC接続も満足する必要があります。そのためNRには、より高速に通信ができたり、より低遅延で通信ができたりするしくみが取り入れられました。

▶ さまざまな通信要求を実現するNR 図表27-2

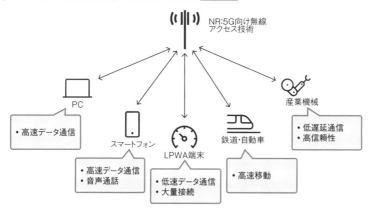

NRの特徴は、さまざまな要求を満たせるその柔軟性にある

高速化や低遅延を実現するためのしくみについては、レッスン29で解説します。

👍 ワンポイント　5Gシステムは1つではない

この章で解説している5Gは、暗に3GPPで標準化された技術を指しています。しかしレッスン5の要件を満足すれば、どのような移動通信ネットワークでも5Gと呼ばれることになります。したがって今後は、3GPP以外の団体や企業が別の「5Gシステム」を開発する可能性もあるのです。

[5G用周波数]

28

5Gで使える周波数を知る

このレッスンの
ポイント

5Gでは、eMBB向けに4Gよりも高速なデータレートが要求されており、そのためにはより広帯域な周波数帯域幅が必要になります。このレッスンでは、日本で5G用に割り当てられた周波数について解説していきます。

● 5Gで使う周波数

5Gでは、eMBB用途として端末は20Gbpsでデータをダウンロードできることが条件となっています。これほどの高速通信を実現するには、4Gに比べてさらに広い周波数帯域幅が必要です。そこで日本では、総務省が2019年4月に最初の5G向けの周波数割り当てを全国規模のMNOに行

いました。その送信周波数と帯域幅は、図表28-1のとおり3.6〜4.1GHzの500MHz、4.4〜4.5GHzの100MHz、27.0〜28.2GHzの1200MHz、そして29.1〜29.5GHzの400MHzです。さらに2019年末には、ローカル5G（レッスン7参照）　向けとして28.2〜28.3GHzの100MHzが割り当てられました。

▶ 日本での5G向け周波数割り当て 図表28-1

周波数帯	送信周波数の範囲
3.7GHz帯	3.6〜4.1GHz（1MNOあたり100MHzまたは200MHz）
4.5GHz帯	4.5〜4.6GHz（1MNOあたり100MHz）
28GHz帯	27.0〜28.2GHz、28.2〜28.3GHz、29.1〜29.5GHz（28.2〜28.3GHzはローカル5G専用周波数。それ以外は全国MNO向け5G周波数で、1 MNOあたり400MHz）

図表28-1 で示した5G向けの周波数帯では、基地局から端末への送信と端末から基地局への送信とで同じ周波数を使います。そのため、基地局と端末が同時に信号を送信すると混信してしまいます。これを避けるため、基地局と端末とで送信できる時間が決められています。

高い周波数の課題

5Gに割り当てられた周波数帯域幅は、4Gに比べて非常に広大であり、送信周波数も4Gで使用されている周波数（レッスン15参照）に比べ高くなっています。たとえば28GHz帯は、4Gで最高の3.5GHz帯に比べて10倍近く高い周波数です。レッスン14で解説したように、電波は高い周波数になるほど遠くまで届きにくくなるため、4Gと同じ通信エリアを作るにはさらに多くの基地局が必要になります（図表28-2）。ビルの屋上や鉄塔などでは不十分で、信号機や電柱に基地局を設置することも考えられています。

▶ 周波数帯で異なる通信エリア 図表28-1

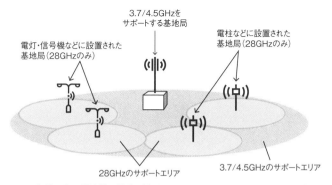

28GHzなどの高い周波数は電波が遠くまで届かないので、3.7GHz/4.5GHz帯の周波数に比べより多くの基地局が必要になる

本来であれば、遠くまで届く低い周波数帯を使いたいところです。しかし、低い周波数帯ではすでにさまざまなシステムが電波を使っているため、100MHzといった広い周波数帯域幅を割り当てることができませんでした。

👍 ワンポイント 各国の電波の使い方を決める世界無線通信会議

どの周波数帯の電波をどのような用途（携帯電話向け、衛星通信向け、放送向けなど）で使うかについては、国際的にも取り決めがあります。電波は国境を越えて伝わるので、各国が勝手にその使い方を決めてしまうと混信が起こってしまうためです。このような各周波数帯の利用方法などを議論するのが世界無線通信会議（WRC＝World Radiocommunication Conference）で、4年ごとに開催されます。WRCの決定に従い、各国では国内の周波数帯の使い方を決めることになります。

29 5Gで高速通信、低遅延を実現する技術「NR」

[NR]

**このレッスンの
ポイント**

5Gの要件を実現するため、標準化団体3GPPが2017年末に
策定した無線アクセスシステムがNR（New Radio）です。
このレッスンでは、NRによる高速通信、低遅延通信のしく
みを見ていきましょう。

○ NRによる高速通信

LTEの最初のバージョンでは、使用でき
る周波数帯域幅は最大でも20MHzであり、
下り通信速度も最大300Mbpsでした。そ
の後4G向けに策定されたLTE-Advanced で
は、最大20MHzの周波数帯域幅（コンポ
ーネントキャリア、CC＝Component
Carrier）を5つまで同時に使用し、最大で
100MHzで送信するキャリア・アグリゲー
ション（CA＝Carrier Aggregation）が実現
されました。

NRでは、より広帯域の周波数帯域幅を使
用できるようになっています。たとえば、
7GHz未満の送信周波数では1CCあたり最
大100MHz、24GHz以上の送信周波数では
1CCあたり最大400MHzの周波数帯域幅を
使えるようにしました。さらに、LTE-
Advancedと同じくCAをサポートしており、
最大で16CCのCAがサポートされます
（図表29-1）。

▶ NRの周波数帯域幅 図表29-1

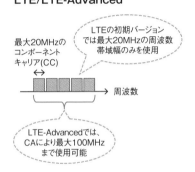

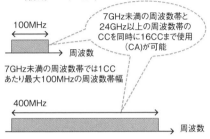

4Gで要求される端末の最大受信速度は1Gbps。5Gでは20Gbps

● NRによる低遅延通信

LTEの最初のバージョンでは、基地局・端末ともに1ミリ秒（1000分の1秒）ごとにデータを送信することになっています。それに対して5Gで要求される低遅延通信では、基地局から端末、また端末から基地局までの通信に要する時間を0.5ミリ秒未満にする必要があります。このような

低遅延通信を実現するため、送信の単位を1ミリ秒からさらに短くしました。送信周波数にもよりますが、たとえば24GHz以上では、LTEの8分の1、つまり0.125ミリ秒ごとに送信できるようになっています（図表29-2）。

▶ NRでの低遅延通信サポート 図表29-2

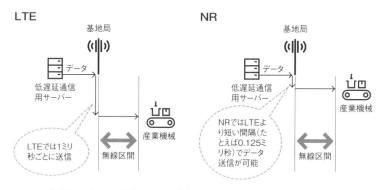

NRでは、基地局にデータが到着してから端末に送信するまでの時間を短縮

低遅延通信と高速通信はその性質が異なります。高速通信では、大量のデータを連続して送信することが重要で、基地局にデータが到着してからもそれほど急いで端末にデータを送る必要がありません。一方、低遅延通信では、小さいサイズのデータをすぐに端末に送る必要があります。

👍 ワンポイント　NRの仕様と実際のサービスは異なる

ある機能がNRの仕様でサポートされるとあったとしても、モデムや基地局がその機能を実装する必要があります。

5Gサービスの開始初日からすべての機能が使えるわけではありませんし、まったく実現されない機能もあります。

30 ［gNodeB、マッシブMIMO、ビームフォーミング］
5Gで電波を送受信するしくみ

このレッスンの
ポイント

NRは、1GHz未満の低い送信周波数から30GHzや40GHzといった高い送信周波数まで使うことを想定して設計されています。高い周波数では電波が遠くまで届きにくくなるため、それを補う<u>マッシブMIMO</u>などのしくみが考えられています。

◯ 5G向け基地局、gNodeB

5G向けの基地局も、LTEの基地局eNBと同様、アンテナ、無線装置、そしてベースバンド装置から構成されています。5G向けの基地局はアンテナ部分が最も特徴的です。その理由は、使用する送信周波数にあります。LTEでは高くても3.5GHz程度だったものが、NRでは30GHzや40GHzで送信を行う必要があるためです（レッスン15、28参照）。図表30-1のように周波数が高くなるにつれ、その電波を送受信するために必要なアンテナの長さは短くなります。特に30GHzを超えると、電波の波長が1cm未満になるためミリ波とも呼ばれ（レッスン14参照）、電波の送受信に必要なアンテナの長さも5mm未満になります。

▶ 送信周波数ごとに異なる基地局アンテナ 図表30-1

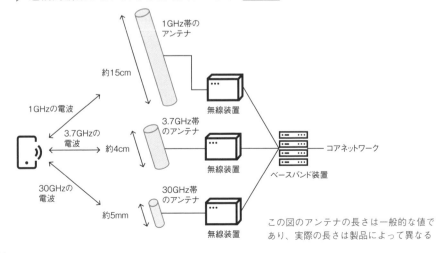

1GHz帯の
アンテナ

約15cm

1GHzの電波

3.7GHzの
電波

30GHzの
電波

約4cm

約5mm

3.7GHz帯
のアンテナ

30GHz帯
のアンテナ

無線装置

無線装置

無線装置

ベースバンド装置

コアネットワーク

この図のアンテナの長さは一般的な値であり、実際の長さは製品によって異なる

○ マッシブMIMOとビームフォーミング

NRでは30GHzや40GHz付近の周波数も使用します。レッスン14で述べたとおり、高い周波数の電波は、低い周波数に比べて遠くまで飛びません。高い周波数の電波を遠くまで飛ばすために必要となる技術が、マッシブMIMO（Massive MIMO）です。MIMOは複数のアンテナを使って電波を送受信する技術で（レッスン23参照）、マッシブMIMOでは、特に大規模な数の（マッシブ）アンテナ（数10本から1,000本）を使って電波を送信します。

1本のアンテナだけで電波を送信すると、電波は全方向に飛んでいきます。ところがアンテナを一定間隔で配置し、電波を出すタイミングをアンテナごとに少しずつずらすなどすると、ビームのように電波をある方向にのみ集中させて遠くまで飛ばせるのです。30GHzのような高い周波数のアンテナは非常に短いため、格子状に配置すれば数100本のアンテナであっても数10センチ四方程度の大きさに収められます。

マッシブMIMOでは、ある方向には強い電波を出せる反面、それ以外の方向には電波はほとんど飛ばなくなります。基地局エリア内にいる端末にビーム状の電波をまんべんなく届けるためには、ビームの方向を変える必要があります。このような技術をビームフォーミングと呼びます（図表30-2）。

▶ マッシブMIMOとビームフォーミング 図表30-2

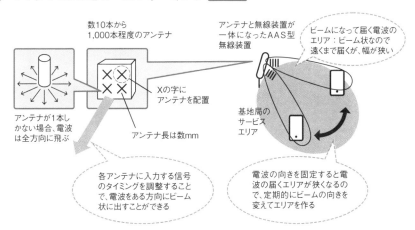

数10本から1,000本程度のアンテナ

Xの字にアンテナを配置

アンテナが1本しかない場合、電波は全方向に飛ぶ

アンテナ長は数mm

アンテナと無線装置が一体になったAAS型無線装置

ビームになって届く電波のエリア：ビーム状なので遠くまで届くが、幅が狭い

基地局のサービスエリア

各アンテナに入力する信号のタイミングを調整することで、電波をある方向にビーム状に出すことができる

電波の向きを固定すると電波の届くエリアが狭くなるので、定期的にビームの向きを変えてエリアを作る

ミリ波を遠くまで飛ばすためには、マッシブMIMOによるビームフォーミングが必要

マッシブMIMOによるビームフォーミングは、30GHzや40GHz付近の高い周波数帯だけではなく、3GHz付近やそれ以上の「中程度」の周波数帯でも有用な技術です。

複数ベンダーによる
RANの実現

このレッスンの
ポイント

無線基地局内の装置間を流れる信号の内容（インターフェース）を公開（オープン化）して各装置を部品化しようとする動きが活発になってきています。ここでは、現在議論の進んでいるRANのオープン化について解説します。

● RANのオープン化とは？

従来の基地局内を流れる信号やデータの形式はベンダーが独自に設計したもので、閉じた（クローズな）システムになっていました。したがって、RANを構築する場合、ベースバンド装置や無線装置をすべて単一の装置ベンダーから購入する必要がありました。

RANのオープン化では、図表31-1のように基地局を複数の装置に分割し、その装置間のインターフェースを仕様化することを目的とします。これによりMNOは、複数のベンダーの機器を組み合わせてRANを構築することが容易になります。

▶ **オープン化された移動通信ネットワーク** 図表31-1

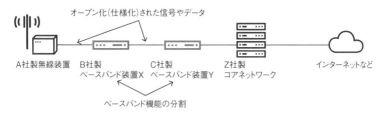

オープン化されたインターフェースを実装した機器を使えば、異なるベンダーの装置を組み合わせてRANを実現できる

単一ベンダーの装置で RAN を実現する利点も多くあります。たとえば、ベンダー独自のアルゴリズムにより端末の通信速度を上げられます。別の利点として、ベンダー間の接続試験が不要という点もあります。これにより、MNO はより早くサービスを提供可能です。

● RANのオープン化の例

無線基地局で実現されるRANの機能は、電波に乗せる信号を扱う部分からコアネットワークとデータをやりとりする部分まで、さまざまな機能の層（レイヤー）に分けられます。そしてRAN機能のオープン化とは、どのレイヤー間のインターフェースを仕様化するかということになります。

インタフェースのオープン化は、これまで3GPPやO-RANアライアンス（Open RAN Alliance）というMNOや装置ベンダーなどの団体で議論されています。これまでにオープン化が活発に進められてきた部分は2つあります。1つ目は無線装置とベースバンド装置の間のフロントホールを流れる信号のオープン化で、ここではベースバンド装置と無線装置との間のインターフェースを仕様化したことになります。もう1つは、ベースバンド装置の機能を2つに分割し、それらの間でやりとりされる信号のオープン化です。どこで分割するかについては、いくつかの選択肢が検討されていますが、どこで分割するにせよ、コアネットワーク側に配置される装置を集約ユニット（CU＝Central Unit）と呼び、無線装置側に配置される装置を分散ユニット（DU＝Distributed Unit）と呼びます（**図表31-2**）。

▶ **オープン化されたRANによるネットワークの実現** **図表31-2**

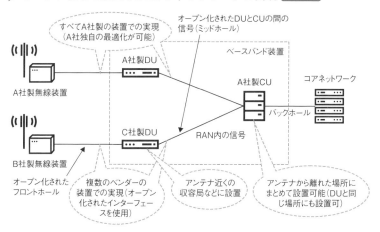

DUは端末と高速な信号のやり取りを必要とするレイヤーの処理を行うため、アンテナの近くに設置される。CUは端末とそれほど高速な信号のやり取りがないレイヤーの処理を行うため、アンテナから離れた場所に設置してもよい

> CUとDUの間のインターフェースを、バックホールとフロントホールの間ということでミッドホールと呼ぶこともあります。

32 5G向けコアネットワーク5GC の機能を知る

**このレッスンの
ポイント**

5Gコアネットワーク（5GC）は、4Gのコアネットワークで
あるEPCの基本的なしくみを継承しており、制御プレーン
とユーザープレーンから構成されます。ただし、各プレー
ン内の機能については、構成が異なっています。

● 5GCの概要

図表32-1は5GCの概略図です。5GCも4Gの
EPC（レッスン16参照）と同じく、制御
プレーンとユーザープレーンとに分ける
ことができます。各プレーンの役割も
EPCと同じです。
5GCは、eMBB用途だけではなく、URLLC
やmMTC向けの通信など、さまざまな用

途の通信に対応できるようになっていま
す。また、ネットワーク仮想化やネット
ワークスライシングといった最新のネッ
トワーク実現技術を念頭に入れた設計に
なっていることも特徴です。続いてユー
ザープレーンと制御プレーンの構成を見
ていきましょう（**図表32-2**）。

▶ 5G向けコアネットワーク - 5GC **図表32-1**

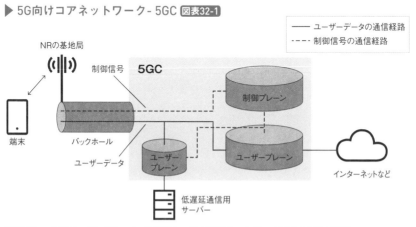

制御プレーンやユーザープレーンの役割は、4GのコアネットワークであるEPCと同様

● 5GCのユーザープレーン

EPCでのユーザープレーンがS-GWとP-GWに分かれていたのに対し、5GCでは、UPF（User Plane Function、ユーザープレーン機能）のみとなり、これが両方の機能を実現します。つまり、UPFは基地局および外部のネットワークに接続してユーザーデータのやりとりとを行います。

● 5GCの制御プレーン

5GCでの制御プレーンの代表的な機能要素としては、AMF、SMF、そしてUDMがあります。AMF（Access and Mobility Management Function、接続・移動管理機能）は端末の接続や移動の管理を行います。ユーザープレーンの制御（セッション管理)については、SMF（Session Management Function、セッション管理機能）がその処理を行います。つまり、EPCでMMEと呼ばれていたものが、5GCではAMFとSMFに分割されているということです。

また、加入者情報を管理する機能要素として、UDM（Unified Data Management、統合化データ管理機能）があります。

▶ 5GCの構成図 図表32-2

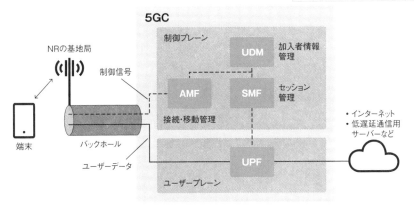

ユーザープレーンではUPFがEPCでのS-GWとP-GWの役割を担い、制御プレーンではMMEがAMFとSMFに分割されている

5GCの構成要素はほかにもありますが、ここでは代表的な機能のみを示しています。

● 5GCでの端末の登録と呼び出し

ここでは、5GCでの登録と呼び出しについて解説していきます（図表32-3）。5G移動ネットワークでも、端末は電源が入ると、自分の契約する事業者のRANが送信する電波を探します（レッスン11参照）。電波が見つかれば、RANに接続し、続いてCNへの登録を行います。

5GCで登録手続きを担当するのは、AMFになります。登録の際、その端末が加入者かどうかを確認するため、AMFはUDMに問い合わせを行います。登録が完了すると、4Gのときと同様、端末は待ち受け状態になります。待ち受け中の端末は、あらかじめ設定された間隔で送信される

ページング信号を読みに行き、それ以外は回路を止めるなどして電池を節約します。

待ち受け中にほかのユーザーからデータが届いた場合、それを受け取ったUPFは、SMF経由でAMFにデータの宛先の端末を呼び出すよう命令します。するとAMFは端末が接続している基地局に対して、端末を呼び出すよう命令します。それを受けた基地局は、呼び出し情報をページング信号に乗せて送信します。ページング信号に自分あての呼び出しがあることを知った端末は、接続状態となりネットワークに接続するという流れです。

▶ 5GCでの登録と呼び出し 図表32-3

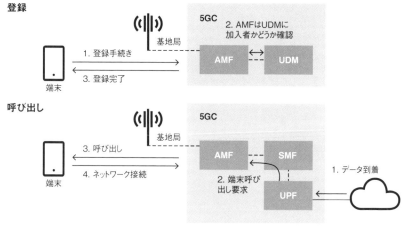

ネットワーク登録時も端末呼び出し時も、5GCではAMFが基地局と制御信号のやりとりを行う

● 5GCでのハンドオーバー

5G移動通信ネットワークでの基地局間ハンドオーバーには、AMF、SMF、UPFが使用されます（図表32-4）。4Gの場合と同じく、RANは基地局からの電波の強さの測定結果を端末から受け取っています（レッスン17参照）。

現在つながっている基地局からの電波が弱くなったと判断すると、端末に新しい基地局と通信を始めるよう命令を出します。これまでつながっていた基地局は、新しい基地局に対し端末が移動することを伝え、データの引継ぎをします。移動先の基地局は、端末が移動してくることをAMFに伝えます。AMFはSMFに対し、データ経路を移動先の基地局に切り替えるよう命令します。SMFはUPFに対して、データ経路を移動先の基地局に切り替えるよう設定し、それを受けてUPFはデータの経路を移動元の基地局から移動先の基地局へと切り替えます。

▶ 5GCでの基地局間ハンドオーバー 図表32-4

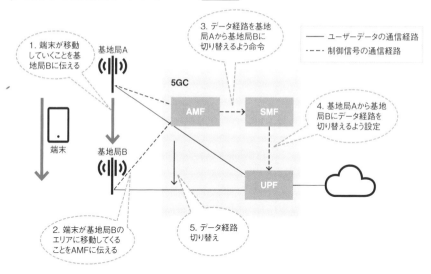

EPCを使った基地局間のハンドオーバーと同様、1.の基地局AからBへの通信は、基地局同士が直接行う場合と、5GCを経由して行う場合がある

👍 ワンポイント 5Gでの音声通話VoNR

レッスン21ではLTEによる音声通話であるVoLTEの解説を行いました。音声通話は移動通信ネットワークの重要なユースケースであるため、5GでもVoLTEと同じしくみを用いて音声通話が実現されます。なお、5GではLTEではなくNRを使うので、VoNR（Voice over NR）と呼ばれます。

移動通信ネットワークのソフトウェア化

このレッスンの
ポイント

近年の汎用ハードウェアの高性能化に伴い、**移動通信ネットワークも仮想化環境上で構築**することが可能になってきました。コアネットワークをはじめ無線基地局のベースバンド装置も汎用サーバーで実現されつつあります。

◯ 仮想化環境とは？

仮想化環境とは、ソフトウェアで実現された「ハードウェアに見えるもの」です。仮想化環境では、ソフトウェアによって複数の仮想ハードウェアが汎用サーバー上に構築され、その仮想化ハードウェア上でコアネットワークの各機能が動作します。

たとえば、仮想化環境上で動作するAMFソフトウェアは、AMF専用のハードウェア上で動いていると思っていますが、実際は仮想化されたAMFハードウェア上で動作しており、実際のハードウェアは市販されている汎用サーバーと同じものです（図表33-1）。

▶ **仮想化環境の実現** 図表33-1

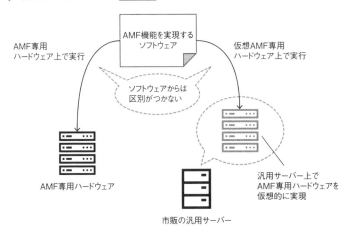

仮想ハードウェアはソフトウェアで実現されるため、1台のサーバー上にさまざまな仮想化ハードウェアを複数実現することも可能

○ 仮想化環境による移動通信ネットワークの構築

従来、ネットワークインフラベンダーは、無線基地局やコアネットワーク製品を専用のハードウェアから設計していました。ところが、市販のパソコンやサーバーなどで使われるCPUやネットワーク機能の高性能化などにより、汎用のネットワークサーバーでも移動通信ネットワークが実現できるようになってきました。

汎用サーバー上に仮想化環境を構築し、その上でCNやベースバンド機能を実現することをNFV（Network Functions Virtualization）と呼びます。NFVの導入により、CPUやメモリなどの計算リソースやアプリケーションの柔軟な配置が可能になり、ネットワーク構築および保守管理に要する労力や費用の削減が期待できます。また市販品であるため、加入者の増加などで通信量が増えてきた場合や故障で交換が必要な場合でも、新しいハードウェアの調達が容易になります。

移動通信ネットワークの仮想化は、4GのCNであるEPCの仮想化から実現され始めました。仮想化されたEPCを特にvEPC（Virtualized EPC）と呼ぶこともあります（**図表33-2**）。また、5GのCNである5GCは、仮想化を前提とした設計になっています。CNの仮想化に続き、無線基地局のベースバンド装置の仮想化も徐々に実現されつつあります。

▶ 仮想化EPCの例 図表33-2

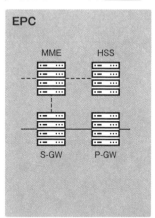
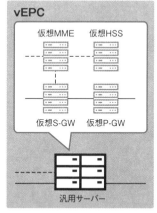

これまでは、MMEやS-GWなど各機能ごとに専用のハードウェアを用意する必要があった。仮想化により汎用サーバー上ですべての機能が実現できる

ソフトウェアのみで機能が実現できるということは、アップグレードも容易だということです。たとえば、新たなハードウェアを導入せずに、4G基地局を5G基地局にアップグレードすることも可能になります。

34

[エッジコンピューティング]

ネットワークスライシングと
エッジコンピューティング

このレッスンの
ポイント

サービス要件の異なるネットワークを個別に構築している
ように見せる技術が、ネットワークスライシングです。ス
ライシング技術により、低遅延通信や高速通信といった異
なるサービスを端末やアプリごとに提供できます。

◯ ネットワークスライシング

5G移動通信ネットワークでは、RANとコ
アネットワークが一体となり、端末やア
プリごとに異なるサービス要件、すなわ
ちQoS（Quality of Service）の保証が容易
にできるようになっています。ここでサー
ビスという言葉が指すのは、端末の通
信速度や、遅延時間、信頼性などです。

図表34-1のように端末やアプリごとに異
なるQoSの通信路（スライス）を個別に
実現しているように見せる技術が、ネッ
トワークスライシングです。5GのRANや
CNでは、このようなスライシングが容易
に実現できるような設計になっています。

▶ スライシングによる異なるネットワークサービスの実現 図表34-1

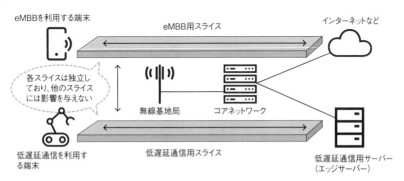

ネットワークスライシングにより、同じ設備を使用しているにも関わらず、端末からは専用のネット
ワークが用意されているように見える

○ エッジコンピューティング

レッスン16で解説したように、CNはネットワークセンターと呼ばれる場所に設置されています。ネットワークセンターは日本国内にほんの数か所しかなく、ネットワークセンターのCNを経由してサーバーと通信をすると遅延時間が大きくなってしまいます。そこでユーザープレーン機能とその先のサーバーをRANの近くに設置し、低遅延通信を実現する技術をエッジ（端）コンピューティング（Edge Computing）と呼びます（**図表34-2**）。

一例として、まず5GCのユーザープレーン機能であるUPFを、RANのDUが設置されている収容局と呼ばれるビルなどに設置します。UPFはユーザープレーン用のCUを経由してDUと接続します。その一方で、制御プレーンのAMFやSMFは低遅延性を求められないため、ネットワークセンターに設置します。なお、eMBBのような低遅延性が求められないサービス向けのUPFは、これまで通り、ネットワークセンターに設置します。

▶ エッジコンピューティング **図表34-2**

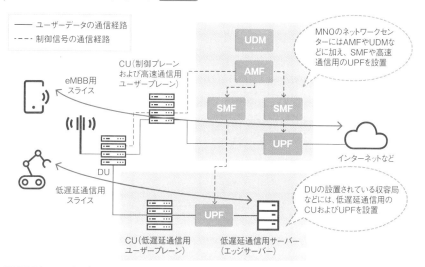

低遅延通信サービス向けには、UPFとエッジサーバーを基地局の近くに設置することで低遅延なデータ通信を実現

AMF や SMF で行う処理はネットワークへの登録や UPF の設定など、データ通信を始める前の処理です。したがって、低遅延データ通信で必要とされるような端末からサーバーまで 1 ミリ秒で到着といった厳しい要求はありません。

35

[5GでのIoT]

5Gで拡大するIoT

このレッスンの
ポイント

4GネットワークでのIoTの主な用途はLPWAでした。5Gでは、よりさまざまな用途のIoTが出てくると考えられます。たとえば、ブロードバンドIoT、クリティカルIoT、そして産業自動化IoTなどです。

○ ブロードバンドIoTとクリティカルIoT

まずブロードバンドIoTとクリティカルIoTについて説明しましょう（図表35-1）。ブロードバンドIoTは、モバイルブロードバンドと同じような機能を必要とするIoTです。主なユースケースとして、ドローンに代表される無人飛行機や、カーナビなどの車載端末、またオンラインゲームやVR/ARなどがあります。ブロードバンドIoTは、大容量のデータを高速でやりとりする通信であり、端末は広範囲で移動することも想定されています。またオンラインゲームやVR/AR用途などでは、低

遅延性も必要です。

一方クリティカルIoTは、通信の高信頼性や低遅延性などに重点を置いたユースケースに使用されます。たとえば、高度道路交通システム（ITS＝Intelligent Transport System）や鉄道などの交通システム制御、電力網の制御（スマートグリッド）などです。これらの用途では、遅延時間をモバイルブロードバンドに比べ10分の1未満にする必要がある場合もあります。またネットワークがダウンしない（高アベイラビリティ）ことも重要です。

▶ ブロードバンドIoTとクリティカルIoTの特徴 図表35-1

	ユースケース	必要な要件
ブロードバンド IoT	ドローンなどの無人飛行機 仮想現実（VR）、拡張現実（AR） オンラインゲーム カーナビ	高速データ通信 大容量データ通信 低遅延
クリティカル IoT	高度道路交通システム（ITS） 鉄道などの交通システム制御 電力網の制御（スマートグリッド）	高信頼性 超低遅延 高アベイラビリティ

ブロードバンドIoTやクリティカルIoTの中でも、ユースケースによって必要な要件が異なる

Chapter 4

5Gで移動通信ネットワークはどうなるか？

○ 産業自動化IoT

レッスン26で説明したように、産業分野では5G移動通信ネットワークによる通信ケーブルの置き換えが期待されています。その前提に立ち、産業分野でのIoT、すなわち産業自動化IoTで必要な機能として、まずは高信頼である必要があります。そのうえで、ネットワーク内の端末やサーバーなどすべての機器の時刻が同期しており、かつある決められた時間内に必ずデータが届くことを保証する必要があります。このように、時刻同期と低遅延性を保証するネットワーク技術をタイムセンシティブネットワーキング（TSN＝

Time Sensitive Networking）と呼びます（図表35-2）。これまでは有線ネットワークでのみ実現可能でしたが、NRおよび5GCでは、このTSNも実現できるようになります。

また、工場や倉庫などで物品を運ばせるために自動走行車（AGV＝Automated Guided Vehicle）が使われることがあります。AGVの移動を制御するには、その正確な位置を知る必要があります。したがって、RANを使いセンチメートル単位で位置を推定する技術が検討されています。

▶ **産業自動化IoTの特徴** 図表35-2

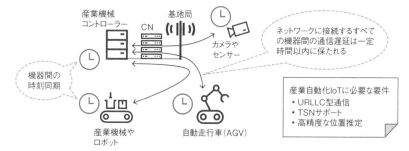

産業自動化IoTでは、低遅延・高信頼性に加え、時刻同期機能やセンチメートル単位の位置推定も必要なことがある

> タイムセンシティブとは、「時間を非常に気にする」という意味です。

🔌 ワンポイント　5GでURLLCを実現する利点

5G移動通信ネットワークにより、4Gまでのモバイルブロードバンドに加えて、高信頼低遅延も同じネットワーク上で実現できます。これにより、工場など

では5Gネットワークを導入すれば、1つのネットワークでMBBとURLLCという両方の用途に使うことが可能になります。

5Gに対応した端末について知る

このレッスンの
ポイント

5Gの移動通信ネットワークは、4Gでは使用してこなかった周波数も使用します。基地局やコアネットワークも5G向けのものになるため、端末もまた5Gに対応したものが必要になります。

◯ モバイルブロードバンド向け端末

5Gがスマートフォンなどの端末へどう影響するか見ていきましょう（**図表36-1**）。スマートフォンやタブレット端末向けのモバイルブロードバンドサービスは、5Gでも主要なユースケースです。5Gサービスが開始してからしばらくの間は、5Gのサービスエリアは限られるため、端末は4Gと5Gの両方に対応したものになります。さらに、海外ではまだ広く使われている2Gや3Gへの対応も必要です。このため、通信で使用する周波数が1GHz未満の低い周波数帯から40GHz付近まで広範囲となり、それぞれに対応した無線回路やアンテナが必要になります。特に30GHzや40GHz付近になると、電波を遠くに飛ばすため、端末も基地局と同じようにビームフォーミングのサポートが不可欠です（レッスン30参照）。また、Wi-FiやBluetooth、GNSSなど携帯電話以外の無線システムにも対応が求められます。

また、5Gは光回線相当の高速データ通信を提供できるため、Wi-Fiルーターや家庭などに設置するFWA端末としても利用されると考えられます。

▶ 5Gでのモバイルブロードバンド端末 図表36-1

5Gでのモバイルブロードバンド向け端末は、多くの周波数や無線システムに対応する必要がある

○ IoT向け端末

IoT向け端末は用途がはっきりしているため、モバイルブロードバンド向け端末のようにさまざまな機能をサポートする必要はありません。たとえばVR/ARゴーグルや車載端末、産業用機械やロボットの制御など、それぞれのユースケースに特化したモデムや通信モジュールが提供され

ると考えられます。VR/ARゴーグルや車載端末向けには、スマートフォンと同じようなモバイルブロードバンドに対応した通信モジュール、ITSやスマートグリッドなどには低遅延通信に対応した通信モジュール、産業機械向けにはTSNに対応した通信モジュールなどです（**図表36-2**）。

▶ 5GでのIoT端末 **図表36-2**

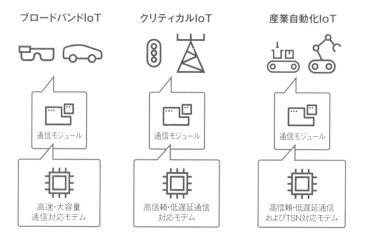

ブロードバンドIoT

クリティカルIoT

産業自動化IoT

通信モジュール

通信モジュール

通信モジュール

高速・大容量
通信対応モデム

高信頼・低遅延通信
対応モデム

高信頼・低遅延通信
およびTSN対応モデム

クリティカルIoTや産業自動化IoT向けでは、高温や低温の環境に長い時間置かれても動作するなど、通信モジュールにも高信頼性が必要になる。また、IoT端末が必要なサービスにより、使用する周波数も異なると考えられる

👍 ワンポイント　GNSSとは？

複数（少なくとも4機）の人工衛星からの信号を使って自分の位置を知るためのシステムをGNSS（Global Navigation Satellite System）と呼びます。複数の

衛星からの信号を受信する必要があるため、屋外の開けた場所でないと精度の高い位置情報を得られません。

37 4G設備を最大限活用した 5Gのネットワーク構成

**このレッスンの
ポイント**

現在運用している4Gネットワーク設備を最大限に活用した5Gネットワーク構成が <u>NSA（Non Standalone）</u> です。それに対して、5GCとgNBのみで実現される5Gネットワーク構成は <u>SA（Standalone）</u> と呼ばれます。

◯ 既存4Gネットワークを最大限に活用するNSA

5Gを導入しようとしているMNOのほとんどは、すでにLTEとEPCで4Gネットワークを広いエリアで運用しています。レッスン28で説明したように、5Gには4Gよりも高い周波数が割り当てられており、基地局あたりの通信エリアが小さくなります。

そこで、図表37-1のように既存の4Gネットワーク資源を最大限に活用しつつ、5Gの通信エリアを徐々に広げていくために考えられたネットワーク構成が、ノン・スタンドアロン（NSA＝ Non Standalone）です。

▶ 4Gネットワークに5Gを導入 図表37-1

LTE基地局(eNB)

NR基地局(gNB)

4G

5G

既存の4G通信エリア

新しく作る5G通信エリア

NSAでは、現在ある4Gの通信エリア内に5Gの通信エリアを作る

5G端末は4GもサポートすることでNR基地局のエリア外に移動すると4Gでネットワークに接続することになります。

○ NSAとSA

NSAでは制御プレーンにLTEを使用し、またコアネットワークも4GのEPCを使用します。つまり、アタッチやハンドオーバーなどにはLTEの制御プレーンを使います。その一方、ユーザープレーンではNRとLTEの両方を使用するしくみです。NSAを使うことで、MNOは5Gを必要とする場所から優先的にNR基地局を設置することができます。

NSAは5Gサービス開始時に主に使用されるもので、eMBBやmMTCが主なユースケースになります。ところが、URLLC向けのサービスを行うには、5GCによるスライシングやエッジコンピューティングが不可欠です。つまりコアネットワークおよびRANが5Gとなるネットワーク構成が必要であり、これをスタンドアロン（SA＝Standalone）と呼びます（**図表37-2**）。

▶ NSAとSAを使った5G移動通信ネットワーク **図表37-2**

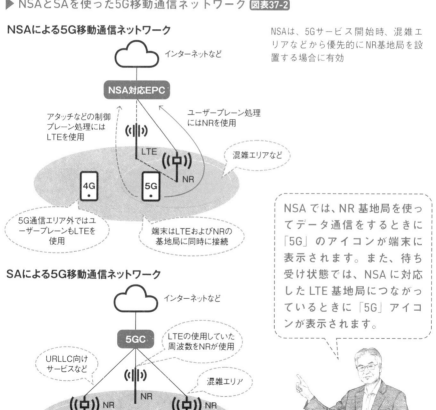

NSAによる5G移動通信ネットワーク

インターネットなど

NSA対応EPC

アタッチなどの制御プレーン処理にはLTEを使用

ユーザープレーン処理にはNRを使用

LTE

NR

混雑エリアなど

4G

5G

5G通信エリア外ではユーザープレーンもLTEを使用

端末はLTEおよびNRの基地局に同時に接続

NSAは、5Gサービス開始時、混雑エリアなどから優先的にNR基地局を設置する場合に有効

NSAでは、NR基地局を使ってデータ通信をするときに「5G」のアイコンが端末に表示されます。また、待ち受け状態では、NSAに対応したLTE基地局につながっているときに「5G」アイコンが表示されます。

SAによる5G移動通信ネットワーク

インターネットなど

5GC

LTEの使用していた周波数をNRが使用

URLLC向けサービスなど

NR

混雑エリア

NR

NR

5G

5G

5G

SAでは、コアネットワークが5GCになるためURLLC向けのサービスも可能

38

[4Gから5Gへの移行②]

4G周波数で5Gを利用する

**このレッスンの
ポイント**

現在4Gが使っている周波数も、徐々に5Gで使えるように
なります。その際、4Gと5Gで周波数を効率よくシェアす
る技術を「DSS」といいます。また4Gが5Gになったとし
ても、LTE-MやNB-IoTは引き続き使用できます。

○ 4G周波数を5Gに切り替えるときの課題

レッスン28で解説したように、NRには5G専用の周波数が割り当てられています。これらに加えて、現在4G用としてLTEで使われている周波数（レッスン15参照）でも、NRが使用できるようになります。このように、周波数の使い方を見直して再編することをリファーミング（re-farming）と呼びます。周波数を「耕し直して」別の用途に使えるようにするといった意味です。

ところが、図表38-1のようにたとえば現在LTEが使っている周波数帯域幅の半分をNRに切り替えてしまうと、半分になったLTEの周波数はより混み合う状況になります。その一方、NRに切り替わった周波数については、初期のNR利用者数はLTEほどではないため、あまり使用されない状態になります。このような不釣り合いな状況は、利用者やMNOにとっても好ましい状態ではありません。

▶ LTEの使う周波数の半分をNRに切り替えると 図表38-1

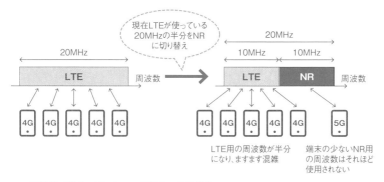

LTEの周波数が半分に減るために現状よりも混雑する

Chapter 4

5Gで移動通信ネットワークはどうなるか？

◯ LTEとNRの周波数共用

図表38-1の課題の解決策として、LTEとNRとで周波数を効率よくシェアするダイナミック・スペクトルシェアリング（DSS = Dynamic Spectrum Sharing）と呼ばれる方法が考えられています（**図表38-2**）。「スペクトル」とは周波数帯域幅（レッスン14参照）のことで、DSSとはLTEとNRとの間で共通の周波数帯域幅（スペクトル）を固定せずに（ダイナミックに）使い分ける（シェアリング）技術です。

DSSをサポートする基地局では、端末がLTEとNRの基地局を見つけるために必要最小限の信号を同じ周波数帯域内で送信しています。残りの周波数は、ある時はLTEが、ある時はNRがというように使い分けます。たとえばNR導入初期はLTE端末が多いため、ほとんどの時間はLTE端末向けに周波数が使われます。その後、NR端末が増えるにしたがって、NR端末向けに周波数が使われる時間が増えていきます。どちらの場合でも、割り当てられた周波数帯域幅（たとえば20MHz）をすべて活用できます。

▶ ダイナミック・スペクトルシェアリング（DSS）**図表38-2**

接続する端末の数に応じて、LTEとNRを時間的に切り替え。 LTEとNRはミリ秒単位で切り替えが可能

◯ LTE-M/NB-IoTとNRの共存

現在のLTEネットワークでは、LTE-MやNB-IoT端末のようなLPWA型端末も多数利用されています。LPWA型端末は、電力メーターやガスメーターのように長年（たとえば10年）にわたって使われることを前提にしています。そのためLTE-MやNB-IoTサービスの行われている周波数がNRになったとしても、これらの端末が引き続きネットワークに接続できるようなしくみが提供されます（**図表38-3**）。

▶ NRとLTE-M/NB-IoTとの共存 **図表38-3**

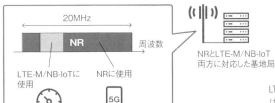

NRとLTE-M/NB-IoT
両方に対応した基地局

LTE-M/NB-IoT 端末が通信しないときは、LTE-M/NB-IoTの使用する周波数をNR が使用できるようになっている

Lesson

39

[5Gネットワーク構成]

モバイルネットワークの全体構成はどうなっているか

このレッスンの
ポイント

eMBBやURLLC、mMTCなど、5Gで要求されるさまざまな用途の通信サービスを経済的に提供するため、ネットワーク構成も工夫が必要です。ここでは5Gで考えられるネットワーク構成について解説していきます。

○ 各装置の配置場所

レッスン13で解説したように、無線基地局はアンテナだけではなく、無線装置やベースバンド装置から構成されます。またベースバンド装置も、5GではDUとCUに分割できるようになっています（レッスン31参照）。

これらの装置の中で、アンテナや無線装置、またこれらが一体となったAAS型の無線装置については、電波を使って端末と通信をする必要があるため、利用者に近い場所に設置する必要があります。たとえば屋外であればビルの屋上や鉄塔、屋内であれば天井や壁面です。さらには信号機や電柱などへの設置も考えられています。

一方、ベースバンド装置はアンテナと同じ場所に置く必要はありません。たとえば、壁面や電柱など無線装置の置き場所が限られている場合、ベースバンド装置をアンテナから離れた場所に置けます。そのような場所としてよく利用されているのが、NTT収容局と呼ばれるビルで、全国に約7,000局あります。無線装置とベースバンド装置との間のフロントホールは、高速な光通信回線で接続されます。

移動通信ネットワークは重要な社会インフラなので、収容局は地震や豪雨などの災害に強いことはもちろん、災害などで停電が発生しても数日間は動作可能な予備のバッテリーが確保できる場所である必要があります。NTT収容局はこのような条件を満たしているのです。

○ 5Gでのネットワーク構成

DUとCUに分割できるベースバンド装置では、DUをアンテナ近くの収容局に設置し、CUを基幹収容局と呼ばれるより大規模な（多くの機器を収容できる）ビルや中継局と呼ばれるビルに設置できます。この設置方法では、複数基地局向けのCUを1か所にまとめて設置可能です。DUとCUとはミッドホールと呼ばれる光通信回線などの高速回線で結ばれます。

レッスン34で解説した低遅延のエッジコンピューティングを実現したい場合、DUをアンテナと無線装置の設置されている場所に設置し、CUは収容局に設置します。また、5GCのUPF（User Plane Function）部および低遅延サービス用のエッジサーバーもCUの設置されている収容局に設置します。

ベースバンド装置もしくはCU装置は、中継局を経由して、コアネットワークと接続しています。中継局のビルは都道府県あたり数局程度置かれています。おさらいになりますが、ベースバンド装置と中継局を結ぶ回線をバックホールと呼び、光通信回線や無線回線で接続されています。なお、従来からある一体型基地局（レッスン13参照）は、中継局とバックホールで直接つながっています。

コアネットワークはネットワークセンターと呼ばれる全国に数か所しかない場所に設置されており（レッスン16参照）、ネットワークセンター内のコアネットワークからインターネットや固定電話ネットワークに接続しています（図表39-1）。

▶ 5G移動通信ネットワークでのネットワーク構成例 図表39-1

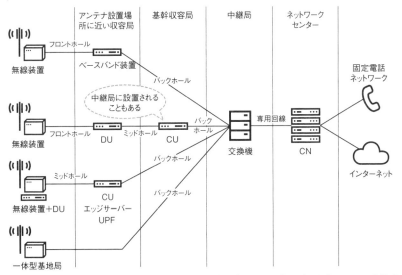

5Gでは、提供されるサービスやアンテナの置き場所などにより、さまざまなネットワーク構成が考えられている

ⓘ COLUMN

移動通信ネットワークによる位置推定

RANを使った応用の1つに、端末の位置推定があります。位置推定といえば、GNSS（レッスン36のワンポイント参照）と呼ばれる人工衛星からの信号を使ったものがよく知られています。GNSSは数センチから数10メートル程度の誤差で位置推定ができる反面、衛星からの電波が届かない屋内や高層ビルの多い街中では利用できないという欠点があります。そのような欠点を補うため、基地局との距離から端末の位置を推定する方法が提供されています。その1つに、複数の基地局から届く電波の強さを使った推定法があります。電波は基地局から遠くなるほどその強さが弱まります。したがって端末で基地局からの電波の強さを測定すると、その基地局からの距離がおおよそでわかります。このしくみを使い、端末は近くにある複数の基地局からの電波の強さを測定し、その情報をコアネットワークに接続する位置情報サーバーに送ります。位置情報サーバーでは電波の強さの情報と基地局の設置場所の情報を使って、端末のおおよその位置を推定します。

RANによる位置測定は、LPWA端末で特に必要とされます。LPWA端末は、価格を抑えるためにGNSS受信用の処理チップを搭載していない場合があるためです。RANによる位置推定を使えば、GNSSのチップがなくてもおおよその位置推定が可能となります。また、室内で使われることの多い自動走行車（AGV）が自分の位置を知るためにも必要です。

GNSSを受信可能な屋外で、さらに数センチメートル程度の誤差で位置を推定するための技術にRTK（Real Time Kinematic）があります。RTKを用いる位置推定では、基準局と呼ばれる固定のGNSS受信局を設置します。この基準局は、人工衛星から受信したGNSSの信号と自分の正確な位置（緯度や経度など）を端末に送信します。端末では、基準局から送られてきた情報を使い、自分で受信したGNSS信号を補正することで、数センチメートルの誤差で自分の位置を推定します。

人工衛星を使った位置推定といえばGPS（Global Positioning System）がよく知られていますが、GPSとは米国の提供するシステムのことです。現在では、GPS以外にも日本の準天頂衛星システム（QZSS）、欧州のガリレオ（Galileo）、ロシアのグロナス（GLONASS）、中国の北斗（BeiDou）、インドのNavICなどあります。GNSSとはこれらのシステムの総称です。

これからの産業、
社会に5Gが及ぼす影響

5Gは大きな市場を形成し、これからの
産業のデジタル化、社会の発展の中で
非常に重要な役割を果たします。ここで
は、5Gで想定される市場規模と、主な
分野において5Gがどのように貢献でき
る可能性があるかを考えてみましょう。

40

5Gの利点と市場規模を知る

**このレッスンの
ポイント**

5Gはコンシューマーに加えてさまざまな産業界での利用が期待されており、それによりMNOの収益を底上げすると考えられます。ここでは、5Gの利点を踏まえてMNOの立場から見た市場規模を考えてみましょう。

○ 5Gがもたらす恩恵

移動通信のデータトラフィックは増加の一途をたどっており（レッスン4参照）、MNOは設備投資により通信容量を拡充する必要があります。しかし、5Gでは同じデータ通信量あたりの設備コストを4Gに比べて大幅に小さくすることが可能です。ネットワークの複雑化に伴い運用コストが上昇していますが、5Gの導入において旧来の陳腐化したシステムを置換すると同時に、大幅な自動化により運用コストを抑えられると考えられているからです。収益面を見ると、人が利用するサービスについては大幅な増加は期待できませんが、産業界の利用によりビジネスの拡大が期待できます（図表40-1）。

▶ 現状の課題を5G化が解決する 図表40-1

現状の移動通信ネットワークの課題

トラフィックの増加	運用コスト増大	収益増加なし
・6年間で約4倍に ・設備投資が増加	・ネットワークの複雑化 ・満足度向上への投資	・競争の激化 ・料金フラット化

 5G化による変化

設備コスト効率向上	運用効率向上	新たな収益源の開拓
・ビットあたり、4Gの1/10 ・高速/広帯域で効率向上	・運用自動化と品質向上 ・陳腐化システムの整理	・産業応用ビジネス ・FWAと高度映像アプリ

設備投資は必要となるが、効率アップや自動化により長期的にはコストを抑えられる

● 5Gによる収益

5GのeMBBにおいて、私たちが利用するスマートフォンのアプリなどについてはトラフィックは継続的に増加するものの料金が抑えられることから、MNOの収益増という面での貢献は小さいと考えられます。AR、VRや4K映像などの新たなアプリについては、収益増に貢献する可能性がありますが、この部分はそれほど大きくなく、試算では、eMBBによるMNOの収益は年率1.5%程度の増加に留まると予測されています。それでも、世界全体のMNOの収益という面では、図表40-2に示したように2026年にeMBBにより5Gが貢献する部分は約100兆円になります。

家庭や小規模オフィス向けのFWAについては、5Gの無線アクセスが固定アクセスを凌駕する通信速度を提供できる可能性があり、ビジネスとして大きく成長することも考えられます。2026年にFWAがMNOの収益に貢献する部分は大きな幅がありますが1.1兆〜11兆円と予測しています。

さまざまな産業界での5Gの利用に目を向けると、URLLCやmMTC分野のビジネスは大きく拡大する可能性があります。特に、工場の自動化、スマートグリッドの分散制御、遠隔手術など超低遅延や高信頼が必要な産業でのURLLC応用は新たなビジネス分野と考えられているからです。世界全体ではURLLCとmMTCを合わせて2026年には22兆〜66兆円の収益があると見積もられています。大きな幅がありますが、これは現段階でどの程度5Gの利用が拡がるか予想するのが難しいためです。

▶ 5Gによる収益の内訳予測（2026年）図表40-2

注：1ドル＝110円で換算

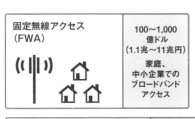

固定無線アクセス
（FWA）

100〜1,000億ドル
（1.1兆〜11兆円）

家庭、中小企業でのブロードバンドアクセス

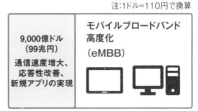

9,000億ドル
（99兆円）

通信速度増大、応答性改善、新規アプリの実現

モバイルブロードバンド高度化
（eMBB）

ミッションクリティカルIoT
（URLLC）

2,000〜6,000億ドル
（22兆〜66兆円）

産業のデジタル化、自動化による効率改善、コスト削減

大規模マシンタイプ通信
（mMTC）

出典：「エリクソン試算」をもとに作成

従来の延長上にある収益に加え、FWAやURLLC、mMTCによる収益を期待できる

41

[コンシューマーの5Gへの期待]

5Gのモバイルブロードバンドビジネス

**このレッスンの
ポイント**

5Gに対しては、コンシューマーの期待も大きくなっています。ここでは、5Gによるモバイルブロードバンドに関して、MNOから見た経済的な利点と、サービス面からのユーザーの期待がどの辺りにあるかを理解しましょう。

◯ ネットワークのコストを削減する効果

移動通信トラフィックがますます増加する中で、MNOはネットワークに十分な容量を確保してユーザーに満足する品質を提供する必要があります。容量の拡充には基地局の増設や容量追加などの設備投資に加えて、ネットワークの監視・保守や電気代などの運用コストの増大が伴います。このネットワークのコストは、レッスン40で説明したように4Gのみの設備

で対応するよりは、4Gの代わりに5G設備を補完的に利用するほうが全体として少なくて済みます （**図表41-1**）。これは、5Gの広帯域で高速な通信を効率よく処理できる設備により、同じデータ量を処理するコストが4Gの10分の1程度で済むからです。このことは、MNOがモバイルブロードバンドのためだけでも5Gの導入を早く進める動機づけになります。

▶ 5Gとネットワークコスト **図表41-1**

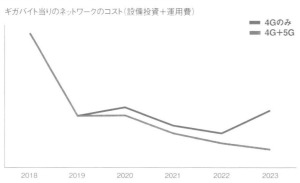

ギガバイト当りのネットワークのコスト（設備投資＋運用費）

■ 4Gのみ
■ 4G+5G

出典：「Ericsson, THE 5G CONSUMER BUSINESS CASE, 2018 」をもとに作成

4G設備のみで対応するより、一部5G設備で対応するのが全体のコストが小さい

● モバイルブロードバンドに対するユーザーの期待

図表41-2 は、コンシューマーが5Gのどのような点に最も期待するかを択一式で選択してもらった調査結果です。これによると、AR、VRや4Kなどの通信の高速性、どこでも動画像アプリが使えるカバレッジ（サービスが受けられるエリアの大きさ）、無制限に安価でデータ通信が利用できるといった点が大きくなっています。モバイルブロードバンドによって、オンラインビデオは高解像度化し、またARやVRが一般的になるなど、より没入感のあるコンテンツが増えてくるでしょう。そのことは、今後のネットワークに新たな要求を生み出すと考えられます。一部のアーリーアダプター（新規アプリを率先して利用する人たち）は、VRやARにより日常生活が根幹から変化するとしています。彼らは、5Gが遅延の短縮、ハプティック（触覚）フィードバックの提供、よ

り高い解像度などを実現し、VR体験を豊かなものとするために重要な役割を果たすことを期待しています。

一方で、**図表41-2** では、3分の1以上の人が高速性やカバレッジ以外の項目を選択していることも見逃せません。特に、ネットワークの高い信頼性やセキュリティ向上への期待が大きくなっています。また、端末の電池寿命が長いことや品質保証なども挙げられています。

既存の移動通信ネットワークが改良され、5Gにより拡張されるサービスのことをユーザーが認知するようになるにつれ、期待はますます大きくなっていくと思われます。5Gの導入を進めている通信事業者には、これらの期待に応えることで、ユーザーの信頼を勝ち取り、囲い込みを進めるチャンスになります。

▶ コンシューマーユーザーの5Gへの期待 **図表41-2**

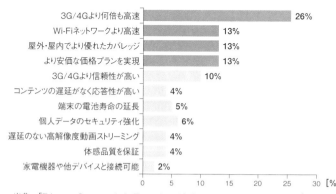

出典：「Ericsson ConsumerLab, Towards a 5G Consumer Future, Feb. 2018」をもとに作成
調査対象：アルゼンチン、ブラジル、中国、エジプト、フィンランド、フランス、ドイツ、インドネシア、アイルランド、日本、メキシコ、韓国、英国、米国の 15 〜 65 歳のスマホユーザー

5Gに関して、スマートフォンユーザーの65％（濃い青の部分）がスピード、カバレッジ、料金低廉化に期待を示している一方、残る35％ものユーザーが期待している事項にも注目すべし

Lesson 42

[産業界の5Gへの期待]

5Gの産業応用ビジネスと市場規模

**このレッスンの
ポイント**

さまざまな産業界で、5Gを使った工程や作業の自動化、効率化の検討が進められています。ここでは、どのような応用分野に5Gが適用できそうか、また産業界ごとの市場規模はどの程度予測されるかを見てみましょう。

5Gの産業応用分野

さまざまな産業界で想定される5Gの利用シナリオを調べると、異なる産業界でも重なる部分が多く、応用分野別にグループ分けすることが可能です。**図表42-1**はそのグループ分けで、大きく9個のグループができています。特に、リアルタイム自動化、高度ビデオサービス、観測・追跡などが市場規模が大きいと予測される応用分野です。

図表42-1の横軸は、性能や信頼性を満たすための技術開発などの面から見た「導入のしやすさ」を表し、縦軸はパートナーとの協業の必要性、制度面や現場の受容性などの面から見た「市場開拓の難しさ」を表しています。観測・追跡や障害・保全観察などは障壁が小さく、自律ロボットや遠隔操作などは障壁が大きいと考えられます。

▶ 5Gの産業応用分野と市場規模 **図表42-1**

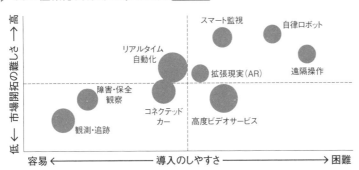

出典：「Ericsson, The guide to capturing the 5G industry digitalization business potential, 2018」をもとに作成
円の大きさは応用分野ごとの市場規模を示す。リアルタイム自動化が一番大きいと予測されている

Chapter 5 これからの産業、社会に5Gが及ぼす影響

114

● 業界ごとの5Gの市場規模

図表42-1 の応用分野への5G適用を実際に各産業界で進められれば、大きな市場規模になる可能性があります。図表42-2 の分析によると、産業分野への5G適用により、従来のスマートフォンなど人だけが利用する場合と比較して、2030年には世界全体のMNOに最大35%の収益増が見込まれます。これには、対象となる企業の要件に見合った5GのRANやコアネットワークからなる通信ネットワーク設備を供給するだけではなく、製造装置などの通信デバイスの設定や管理、データの収集や分析に基づいた自動化などを実現するサービスの提供も含んでいます。通信ネ

ットワークの構築だけであれば、収益増部分は小さくなります。

図表42-2 の円グラフは、2030年に業界ごとに見込まれる収益を比較したものです。医療が最も大きく、製造業、電気やガスなどの公共事業、自動車、警察や消防などの公共安全の順となっています。分野ごとにさまざまなユースケースと収益が想定されますが、その実現には、MNOと業界のプレーヤーが協力してケーススタディやトライアルを進めながら、5Gをどのように収益に結びつけるかを見極めることが必要でしょう。

▶ 5Gによる業界ごとの売上（2030年）図表42-2

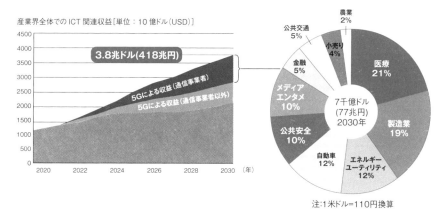

産業界全体でのICT関連収益［単位：10億ドル（USD）］

出典：「Ericsson & Arther D.Little, "5G for business: a 2030 market compass", Oct. 2019 」をもとに作成

ここではMNOの収益という観点でまとめているが、MNOの支援なしに企業自身やシステムインテグレータがネットワークを構築、運用するケースも考えられる

［スマートシティ］

43 都市生活の活性化をもたらす5G

このレッスンの
ポイント

都市人口が増える中で、都市の持つさまざまな問題を情報通信技術を用いて解決するスマートシティ構想が世界中で進んでいます。ここでは、スマートシティにおいて5Gがどのような役割を担うかを考えてみましょう。

○ スマートシティとは？

2050年には世界人口の3分の2程度が都市に住むようになるといわれていますが、人口が増え複雑化する世界の都市は、図表43-1に掲げたさまざまな領域で課題を抱えます。地球温暖化による気候変動、交通渋滞、公害、防災、防犯、ゴミ処理、電力・ガス・上下水道、医療、教育など、多くの分野の課題に対して、それぞれ個別ではなく総合的に対応していくことが

望まれます。

そこで、情報通信技術などを活用して、都市計画、インフラ整備、多岐に亘るシステムの管理や運営を総合的に行い、全体として最適化を図ることにより持続可能な都市を構築していこうと考え方があります。こうして構築された都市を「スマートシティ」といいます。その実現にあたってキーとなるのが5Gです。

▶ 都市の課題 図表43-1

都市への人口集中に伴いさまざまな問題が発生しており、情報通信技術などを用いた解決策が必要

Chapter 5 これからの産業、社会に5Gが及ぼす影響

● スマートシティと5G

スマートシティにおいては、都市内の環境、交通、ゴミ、川の水位などさまざまなデータを集める必要があり、各種センサーが重要な役割を果します。また、街灯、信号、サインボードなどの制御や情報配信を的確に行うことが望まれます。5GのmMTCがこれらをサポートし、IoTベースの都市プラットフォームが処理を行います（図表43-2）。

住民サービスの面では、ロボットやドローンによる配達物の配送、自動走行車による病院などの送迎、AIによる問い合わせ対応などが期待されます。自然災害や事故の際の緊急避難通報や救急車の手配、応急処置支援などもあります。5GのURLLCを活用した自動緊急対応システムやインフラ設備がこれらのサービスを実現します。

市民や企業による交通状況、イベントサイト情報、公共サービス情報などの都市情報へのアクセスは、ARやVRも利用したスマートフォンのアプリなどで提供されることが想定されます。また、必要に応じて防犯のために自宅回りの映像を監視したり、一人暮らしの親の様子を見るといったことも考えられます。5GのeMBBがこれらをサポートします。

5Gにより、自治体、企業、コミュニティ、そして市民が相互に緊密につながり、都市が直面する多くの課題に取り組むことにより、持続可能で豊かな社会が実現されることが期待されています。

▶ スマートシティでの5Gの活用 図表43-2

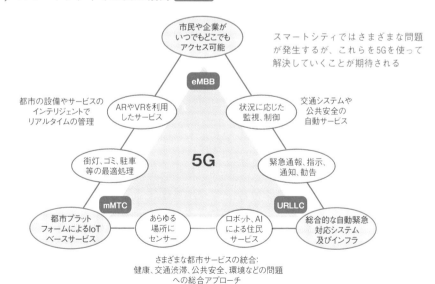

スマートシティではさまざまな問題が発生するが、これらを5Gを使って解決していくことが期待される

さまざまな都市サービスの統合:
健康、交通渋滞、公共安全、環境などの問題
への総合アプローチ

出典：「Navigant Consulting 社の資料」をもとに作成

44 [MaaSと5G]
次世代モビリティサービスでの5Gの利用

このレッスンのポイント

出発地と目的地の間のさまざまな移動手段を組み合わせて提供する MaaS は、これからのモビリティサービスにおいて重要な位置づけとなります。ここでは、MaaSにおいて5Gがどのような役割を果たすか考えてみましょう。

○ MaaSとは？

MaaS（Mobility as a Service）とは、 図表44-1 のようにスマートフォンのアプリなどで出発地と目的地、希望時刻などを入力すると、さまざまな移動手段をうまく組み合わせて移動をサポートしてくれるサービスです。複数の経路から自分の好みのものを選択することも可能で、決済も全行程一括で行うことが想定されています。移動手段としては、公共交通

機関、レンタカー、シェア自転車、徒歩などあらゆるものが含まれる可能性があり、これらをIT技術を用いて有機的に統合することが前提となります。ユーザーは個々の移動手段ごとに予約や支払いをする必要がないので、手間が省けて効率よく移動できるようになります。MaaSは、これからの私たちの移動を支える重要なしくみになると期待されているのです。

▶ MaaSのイメージ 図表44-1

公共交通　自転車シェアリング

レンタカー

タクシー

自動車相乗り

カーシェアリング

どこから？
入力 自宅

どこまで
入力 ××病院

MaaSでは、スマートフォンのアプリ上で出発地と目的地を入力することで、最適な経路と交通手段、料金などが提示される

● MaaSの仕組みと5G

MaaSでは、MaaSを提供するモビリティサービスプロバイダーが私たちユーザーとさまざまな交通手段との間を仲介して、移動サービスを提供します（**図表44-2**）。モビリティサービスプロバイダーは複数の交通手段の中から、公共交通機関を優先するとか、最短時間で移動したいといったユーザーの希望に応じて最適な交通手段を選択して提示します。ユーザーはサービスプロバイダーに出発地から目的地までの移動について一括して依頼し、予約が成立すると一括して決済します。サービスプロバイダー側は、ユーザーが利用する個々の交通手段についてそれぞれ予約、決済します。

MaaSでは、自家用車の利用を組み合わせることも可能ですが、自動車の乗り合いや自転車シェアにより皆で渋滞を緩和したり、CO_2排出量を削減しながらストレスフリーな移動を実現することを基本的な理念としています。このような背景から、国や自治体も積極的に支援することが期待されています。

モビリティサービスプロバイダーは、最適な移動経路を見つけるために交通機関から膨大なデータを収集して分析するわけですが、リアルタイムのデータ収集には通信機能を利用する必要があります。特に、バスのライブカメラ映像やドライブレコーダーの動画などを集約して道路の混雑状況を分析するような場合には、5Gの大容量通信が必要となります。また、オンデマンドバスのルートを5G通信機能を利用してオンラインでナビゲーションするような形も考えられます。

日本でも、ソフトバンクとトヨタ自動車が合弁でモネ・テクノロジーズを設立し、ほかの自動車メーカーも出資してMaaSの実現を推進するなど、MaaSの普及を推進する動きが活発化しているのです。

▶ MaaSのサービスモデル 図表44-2

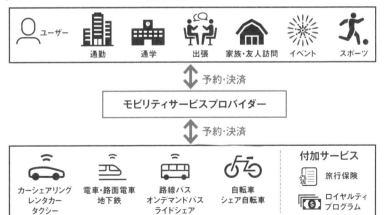

MaaSでは、あらゆる移動手段が有機的に組み合わされて、ユーザーの移動をサポートする

45

[Society 5.0]

Society 5.0における
5Gの役割を知る

このレッスンの
ポイント

日本政府は、人とモノがつながり、知識や情報を共有することにより、新たな価値を生み出す Society 5.0の実現を提唱しています。ここでは、Society 5.0において5Gがどのような役割を果たすか考えてみましょう。

○ Society 5.0とは?

Society 5.0というのは、狩猟社会（Society 1.0）、農耕社会（Society 2.0）、工業社会（Society 3.0）、情報社会（Society 4.0）に続く、我が国が目指すべき未来社会の姿です（**図表45-1**）。スマートシティの実現を含めて、AIやビッグデータ解析などの高度な技術を用いて、経済発展と社会的課題の解決を両立することを目指しています。

その実現にあたって、私たちが身を置く現実のフィジカル空間を計算機上の仮想的なサイバー空間にマッピングします。そして、このサイバー空間の中で現実社会の問題の解決策を見つけ出し、これを実際のフィジカル空間に適用するのです。このサイバー空間とフィジカル空間を融合させるデジタル・ツインの手法により、よりよい社会を作っていくというSociety 5.0の実現にあたって、5Gが重要な役割を果たします。

▶ Society 5.0 **図表45-1**

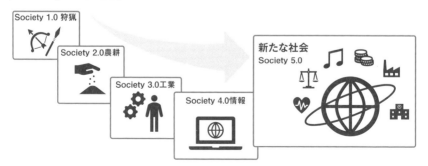

出典：内閣府 Society 5.0「科学技術イノベーションが拓く新たな社会」説明資料をもとに作成

社会の発展の次のステージと位置付けられるのがSociety 5.0であり、5Gの活用が期待される

Society 5.0の描く社会と5G

情報社会（Society 4.0）では、クラウド上のサイバー空間にインターネット経由でアクセスして情報やデータを入手できましたが、分野ごとにデータが分散しています。そのため、防災分野と医療分野など異なる分野間を横断した知識や情報が共有されず、連携が不十分であるという問題がありました。また、人の能力には限界があるため、膨大な情報から必要な情報を見つけて分析する作業には困難が伴うという問題もあります（図表45-2）。Society 5.0で実現する社会は、5Gを含むIoTの仕組みによって人とモノがつながり、さまざまな知識や異なる分野間の情報が共有され、これまでにない新たな価値を生み出すことで、これらの課題や困難を克服することを目指しています。たとえば、フィジカル空間の車、機械、センサーなどからもたらされる膨大な情報（ビッグデータ）が、5Gを含む通信ネットワークを通してサイバー空間であるデータセンター／クラウドに集積されます。人間の能力を超えたAI（人工知能）がビッグデータの解析を行い、その結果がロボットなどを通して人間にフィードバックされます。ロボットによる生産、労働支援や自動走行車による荷物配送や病院への送迎、AI支援による体調管理などの技術で、少子高齢化、地方の過疎化、貧富の格差などの課題が克服されます。地域社会の活性化という面では、地方創生もSociety 5.0の大きな柱となっています。

▶ **サイバー空間とフィジカル空間の高度な融合** 図表45-2

フィジカル空間からセンサーIoTを通じてあらゆる情報が集積（ビックデータ）
人工知能（AI）がビックデータを解析し、高付加価値を現実空間にフィードバック

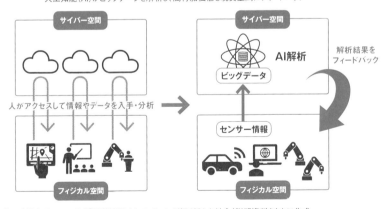

出典：内閣府 Society 5.0「科学技術イノベーションが拓く新たな社会」説明資料をもとに作成

フィジカル空間から膨大なデータを収集する部分や、サイバー空間からフィジカル空間に遅滞なくフィードバックを返す部分で、5Gの通信機能が活用される

ⓘ COLUMN

業界団体の5Gへの期待

5Gは、産業界で利用して作業効率や生産性を向上させること、コスト削減を図ることが大きなねらいになっています。一部の業界ではフォーラム活動などを通して企業間共同で、どのように5Gを使えるか検討しています。

たとえば、ドイツZVEI（電気・電子工業連盟）傘下の5G-ACIA（5G Alliance for Connected Industries and Automation）では製造業やプロセス産業における5G応用の可能性を検討しています。日本からも三菱電機、横河電機などの関連業界の企業やNTTドコモが参加しています。第7章のレッスン52にも述べるように、業界としての要求条件をホワイトペーパーとしてまとめ、3GPPなどの標準化団体への入力も精力的に行っています。3GPPでは5G-ACIAの入力を受けて、要求条件をできるだけ満足するように、5G関連仕様の追加や変更を行っています。たとえば、特に製造業で重要なTSN（レッスン35参照）の機能をRANに盛り込むなどの作業を行っています。米国に拠点を置くIIC（Industrial Internet Consortium）も、5Gに限定はしていませんが産業界での通信ネットワークに対する要求条件をまとめて、3GPPなどへの入力を行っています。

5GAA（5G Automotive Association）は自動車業界と通信業界が共同で設立したドイツに本拠を置く団体で、自動車の安全運転や遠隔運転のための5G応用の可能性を検討しています。一方で、トヨタやNTT、エリクソンなどが設立したAECC（Automotive Edge Computing Consortium）は、自動車から発生する大量のデータをエッジコンピューティングにより処理して、各地域の3D地図の更新や道路上の落下物の情報をシェアするなどのための5Gの応用の仕方を検討しています。

業界の要件に合った標準仕様ができれば、それに基づき関連する装置やコンポーネントの開発が促進され、それらを使う企業が増えれば大量生産により経済的に5Gを利用するシステムを構築できる可能性があります。

> たとえば建設・土木業や医療業界などでも5Gの使い方を共同検討する業界団体を作って、ユースケースや要求条件を整理することにより、5G関連の仕様に影響を及ぼせる可能性があります。

Chapter 5　これからの産業、社会に5Gが及ぼす影響

Chapter

6

5Gのコンシューマー
ビジネス

5Gは産業界での応用が注目されがち
ですが、コンシューマーから見ても
さまざまなサービス、アプリの新た
な提供が期待されます。ここでは、
コンシューマーから見た5Gの位置づ
けについて考えてみましょう。

Lesson

46

[コンシューマービジネス]

5Gのコンシューマー市場の概観を知る

このレッスンの
ポイント

コンシューマーから見たとき、5Gは高速・大容量のブロードバンドというだけではなく、さまざまな<u>新たなアプリの実現</u>が期待されています。ここでは、どのようなアプリがコンシューマー向けに有望なのかを見てみましょう。

⬤ 5Gのコンシューマービジネスに関わる疑問

5Gの主なユーザーは産業界であり、コンシューマー向けの新たなアプリや端末、使い方は期待できないのではないかという疑問が、業界アナリストや通信事業者の社内からさえも出ることがあります（**図表46-1**）。しかし、レッスン41でも5Gの持つ特性の面からコンシューマーの期待を示しましたが、あらためて世界のスマートフォンユーザーに聞き取り調査を

した結果をまとめてみると、コンシューマーからの5Gに対する期待は非常に大きいことがわかります（**図表46-1**の下部）。5Gの高速・大容量の特性により、動画像ストリーミングなどがストレスなく行えるという点だけではなく、新たな形態の端末やアプリへの期待、家庭の有線ブロードバンドの代替としての期待も大きいようです。

▶ 5Gに関する疑問と答え **図表46-1**

疑問1	疑問2	疑問3	疑問4
コンシューマーにとって、初期の5Gはメリットがないのではないか?	コンシューマーにとって有用なユースケースがないのではないか?	5Gでもスマートフォンのみが有効なソリューションなのではないか?	5Gでも今の延長線上の使い方になるのではないか?
↓	↓	↓	↓
• 都市部の混雑時の性能向上が期待できる • 家庭の有線ブロードバンドの代替として期待される	• 高速性や低遅延性を利用したアプリへの期待は大きい • AR/VRや5GTVに対する期待が大きい	• 折畳み式スクリーン、ホログラム、360度カメラなどに期待 • ARスマートグラスが実用化される	• AR/VRを含め週に3時間程、屋外でビデオを見る時間が増加 • コネクティッドロボットや車が一般化

出典：「Ericsson ConsumerLab, 5G consumer potential, May 2019」をもとに作成

産業利用だけではなく、高速・広帯域という面でコンシューマーからの5Gへの期待も非常に大きい

● 5Gで期待されるコンシューマー向けサービス

上述の調査では、5Gにおいてコンシューマーがそれぞれのユースケースにどの程度関心を持っているか、料金を払う意思があるか、また何年後にブームになりそうかということもスマートフォンユーザーに尋ねています（図表46-2）。このあと、具体的に見ていきましょう。

▶ コンシューマーが期待する5Gサービス 図表46-2

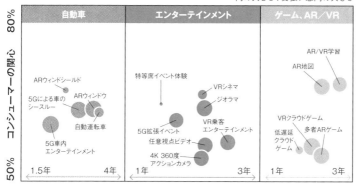

円の大きさ：支払い意向の大きさ

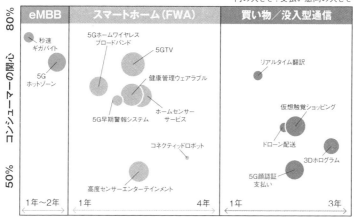

円の大きさ：支払い意向の大きさ

出典：「Ericsson ConsumerLab, 5G consumer potential, May 2019」をもとに作成
調査対象：オーストラリア、アルゼンチン、ブラジル、ベルギー、中国、カナダ、チリ、フィンランド、フランス、ドイツ、インド、インドネシア、アイルランド、イタリア、サウジアラビア、韓国、シンガポール、タイ、ウルグアイ、UAE、英国、米国の15〜69歳のスマホユーザー

さまざまな分野で、新しいサービスに対する期待が大きいことがわかる。特に、ARやVRを含む画像系サービスへの期待が大きい

◯ 関心の高さ

関心の高さという面では、eMBBに分類される秒単位でギガバイトレベルのデータが送られる高速通信やホットゾーン（空港、繁華街など）での高速、高信頼でストレスのない通信が挙げられます。また、FWAによる家庭での5GTV視聴やワイヤレスブロードバンドにも高い関心と料金支払いの意向が示されているほか、AR地図やAR/VR学習、そして健康管理ウェアラブルやホームセンサーなどにも高い関心

と支払い意向が見られます。

なお、5GTVというのは放送波やケーブルを使わずに、FWAによる5Gの無線から宅内装置を経由してWi-FiでTV受像機で高精細TV放送を受信するサービスです。また、AR地図というのは目的地を設定してからスマートフォンやタブレットを目の前にかざせば、カメラが捉えた街の映像の中でどちらに歩いて行けばいいかを矢印などが指示してくれるサービスです。

> 関心の高さは、これまで経験できなかった新たなサービスを使ってみたい、あるいは既存のサービスの利便性がより高まることが期待されるなど、サービスに対する興味の大きさを示しています。

◯ 料金支払いの意向

料金支払いの意向という面で見ると、自動車関連では5Gによるシースルー（自車の前の車の前方の道路状況が見えること）、ARウィンドウ（道路や建物の情報を半透明でウィンドウ上に表示）といった安全面に関わるサービスについては、料金を払ってでも利用したい意向があるようです。一方、エンターテインメント関連で

はジオラマ（ライブイベントをARグラスを通して三次元で異なる角度から鑑賞）、バスなどの乗客へのAR、自由視点ビデオ、ショッピング関連で仮想感触ショッピングなどが高い値を示しています。そのほか、AR/VR学習や健康管理ウェアラブルなどは、実益が期待されるので支払い意向が大きくなっています。

> 支払い意向は、生活の質が向上する、満足度が高まるなど、サービスを使うことによって明らかに得られるメリットが大きいほど大きくなります。全体として、世界のスマートフォンユーザーは、5Gのメリットに対して、現在支払っている額に加えて平均で20%余分に支払ってもよいと思っているようです。

◯ 大きな市場を形成する時期

ユースケースが大きな市場を形成する時期については、まずは5G商用化1年以内にスマートフォンでの超高速通信や家庭でのワイヤレスブロードバンドが立ち上がり、5GTVや混雑した場所でのホットゾーンがそれに続くと見られます。地理的にユーザーに近いところにあるエッジサーバーでゲームのプログラムを実行する低遅延クラウドゲームやVRクラウドゲームについては立ち上りに1〜2年かかるでしょう。また買い物関連でドローンによる自動配送、そしてあたかも実際の商品をVR映像で見たり、ハプティックフィー

ドバック（下のワンポイント参照）を得ながら触った感覚で買い物ができる仮想触覚ショッピング、カードなどを使わずに顔を認識して支払いができる顔認証支払いなどは2年後くらいに広く使われるようになると見られています。また、自動車関連のシースルーやARウィンドウ、さらにリアルタイムでの地図データのアップデートや自動運転ができなくなった際の遠隔操作サポートなどの自動運転車に対するユースケースについてはさらに時間を要すると見られています。

> このレッスンで出てきた多様なユースケース、アプリは5Gネットワークのサービスエリアの広がり、妥当な価格の端末の普及などの要因に影響されて、実際に広く利用される時期が変わってきます。

👍 ワンポイント　ハプティックフィードバックとは？

ハプティック（Haptic）とは「触覚の」という意味です。オンライン対戦ゲームで、拳でパンチしたときの相手の身体からの反発をゲーム用のグローブを通して疑似的に伝えたり、建設機械の遠隔操作や遠隔手術などで、機械やナイフが対象物に接触する際の反発力、

振動、動きなどを遠隔コックピットやグローブから疑似的に伝えることをハプティックフィードバックと言います。これにより仮想空間上や遠隔で動作をしていても、あたかも実際の現場にいるような感覚が得られます。

Lesson 47 [VR、AR、MR]

新たな映像系サービスと5G

このレッスンの
ポイント

5Gでは、VR（仮想現実）やAR（拡張現実）、MR（複合現実）などの映像系サービスが大きく伸びることが期待されています。これらの映像系サービスの特徴と、5Gとの関わりを見ていきましょう。

○ 新たな映像系サービスの特徴

VR（Virtual Reality、仮想現実）は、CG（Computer Graphics）などで人工的に作成された映像、あるいは360度カメラなどで撮影した現実の映像をディスプレイに映し出して、私たちが実際にその場にいるような体験ができる技術です。ソニーのPlayStation VRのように、VRゴーグルを使って没入感を味わうことができます。AR（Augumented Reality、拡張現実）はポケモンGOのように、現実の映像にアニ

メーションなどの人工的な映像を重ね合わせる技術です。MR（Mixed Reality、複合現実）は、人工的に作成された映像にカメラなどを通して現実の映像を重ね合わせたもので、現実世界の情報を仮想世界に反映させられます。5Gの高速性、低遅延性を持つ通信機能を利用することで、これらの新たな映像系のサービスの用途が飛躍的に広がる可能性があります（図表47-1）。

▶ VR、ARとMR 図表47-1

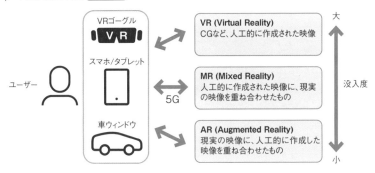

VRはゴーグルを装着して周りの視界を遮ることにより、没入感が高まる。ARはスマホやタブレットのほか、自動車のウィンドウなどに人工的な映像を映し出す

○ 新たな映像技術を利用するアプリ

まずARを利用する新たなアプリを見てみましょう（**図表47-2**）。たとえば自動車用アプリとして、ARウィンドウがあります。ドライバーの見ている道路の前方にヘッドアップディスプレイ（ウィンドウに射影する半透明の映像）で進行方向を示す矢印や、ほかの自動車からの情報に基づき前方でスリップが発生しやすいなどの警告を表示します。時々刻々と変化する道路状況を道路トラフィックセンターからリアルタイムで送る際に5Gが有効となります。

AR地図のアプリでは、カメラで映した現実の映像に歩行者ナビゲーションのための矢印などを重ね合わせます。音声による指示と合わせて用いることにより、間違いなく目的地に到達することを支援します。クラウド上のナビゲーション情報を、5Gを利用してリアルタイムでスマートフォンに送ることができるでしょう。

AR学習のアプリでは、たとえば魚の骨のサンプルをスマートフォンのカメラで撮ると、魚の全体像に重ねて、生態などの情報を追加表示するアイデアがあります。実物の映像を見ることで学習効果を上げられます。教育の分野では、VRゴーグルを使って生物の生態や歴史上の出来事を映像で見せることにより、より現実感を持って学習することも可能です。ここでもアプリがクラウドにあるとすれば、学習情報を5Gを利用してクラウドから端末に送ることが有効です。

5Gの高速性を利用した4Kや8Kの超高精細ビデオサービスや、空間上に映像を浮かび上がらせるホログラムを利用した対話型アプリも新たな映像系サービスとして期待されています。

▶ ARを用いた新しいアプリ 図表47-2

自動車のヘッドアップディスプレイ　　歩行者ナビゲーション　　ARを用いた学習アプリ

クラウドの情報を5G経由で自動車や端末に送ることで遅延なく、表示できる

VR、AR、MR を総称して XR と呼びます。X はすべてを含んでいるという意味です。

Lesson
[ウェアラブルデバイス]

48 5Gで進化する ウェアラブルデバイス

**このレッスンの
ポイント**

スマートウォッチやスマートグラスなど、身につけるデバイスの多様化に伴い、使われ方もさまざまな場面に拡がっていく可能性があります。これらのデバイスが5Gでどのように進化し、どんな使われ方をされるのか理解しましょう。

ウェアラブルとは

「ウェアラブル」は「身につける」という意味で、人が身体につけるデバイスのことを指します。最もポピュラーなウェアラブルは、Apple Watchなどのスマートウォッチでしょう。時計の機能以外にスマートフォンと連動してあるいは単独で、電話の通話やメールの読み取りなどができます。そのほかの代表的なウェアラブルとしては、眼鏡型でカメラ撮影やAR画像視聴の機能を持つスマートグラス、フィットネスを含むスポーツをするときに走行距離や腕の振りの数などを測定、記録するアクティビティトラッカー、脈拍や体温、睡眠の深さなどを測定、記録する健康管理デバイスが挙げられます（図表48-1）。また、耳につけて音楽を聴く際に利用するヒアラブルデバイス、シャツ型やパンツ型で心拍数、呼吸数、脳波などの生体情報データを測定するデバイスもあります。

▶ 代表的なウェアラブルデバイス 図表48-1

スマートウォッチ

スマートグラス

アクティビティ
トラッカー

健康管理デバイス

スマートウォッチなど、身につける機器のことをウェアラブルデバイスといい、さまざまなものが開発されている

スマートウォッチが体調の異変を察知し医療機関に自動的に通報して、一命をとりとめたというニュースがありました。今後、私たちの生活に欠かせないデバイスとなるでしょう。

5Gにおけるウェアラブルの展開

デバイスおよびウェアラブルを用いたアプリを含むウェアラブルビジネスの市場規模は、世界全体で見ると2018年の229億米ドル（約2兆5千億円）から2023年には544億米ドル（約6兆円）に拡大すると予測されています（出所：GlobalData, Technology Intelligent Center, Aug. 2019）。その中で特に、健康管理機能を含むスマートウォッチが約70%のシェアを持つと考えられています。

ウェアラブルにおける5Gの利用ですが、都市部でウェアラブルデバイスを身につけた多くの人が集まる場所などでは、大量IoTデバイスに対応するmMTC通信機能が有効となるのは確実なところです。

今後のアプリの可能性として、総務省が2018年度に実施した5G利活用アイデアコンテストで優秀な案として選定された中に、選手と一体感をもたらすスポーツ観戦におけるウェアラブルの応用があります（図表48-2）。選手が腕につけたデバイスからの心拍などの情報を低遅延の5Gを利用して観客に送ることにより、選手との一体感を感じられるというものです。

また、別のアイデアとして視覚障害者の盲導犬の役割を、5Gを利用して人が遠隔で果たすというものがあります。視覚障害者のかけたスマートグラスのカメラで撮った高精細なリアルタイム動画をサポートセンターへ送り、センターのオペレータは送られてきた画像をもとに、音声によるコミュニケーションを取りながらユーザーを目的地まで誘導するというものです。これらはアイデア例ですが、実際の5Gの導入に伴い、ウェアラブルの分野でも多くのユースケースが具体化することが期待されます。

▶ 選手と一体感をもたらすスポーツ観戦 図表48-2

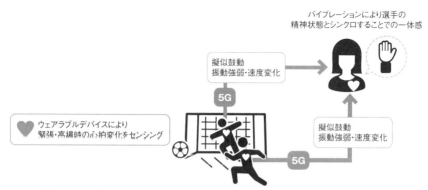

出典：「総務省、5G利活用アイデアコンテスト結果、2019年1月」をもとに作成

身につけたデバイスでキャッチした情報を5Gを用いてリアルタイムに送ることができる

Lesson ［自由視点観戦］

49

5Gで広がるスポーツ観戦の新しい楽しみ方

このレッスンの
ポイント

日本でも試行されている5Gサービスの1つに、「自由視点観戦」があります。また、ARやVRを使ったより没入感のある観戦方法など、スポーツの新しい楽しみ方が5Gで実現します。

○ 自由視点観戦とは？

自由視点観戦は、スポーツ競技場に多数のカメラを配備し、多方向から撮影した映像を合成して、自由な角度から見えるようにしてリアルタイムで配信するサービスです。タブレットやスマートフォンでは任意のアングルの映像を表示できるため、ユーザーは新たな形態のスポーツ観戦を楽しめます。

たとえば野球観戦では、バッターの動きをさまざまな角度から見ることにより、ピッチャーからの球の軌道とバットの動きを詳細に捉えられます （図表49-1）。多数のモバイル端末への映像配信において、大容量、低遅延といった特性を有する5Gならではの観戦方法です。

▶ 自由視点スポーツ観戦 図表49-1

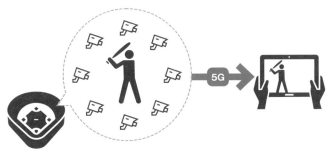

複数のカメラからの映像を特殊な技術で合成することにより、任意の角度から観られるようになる

自分で映像を自由に選べるので、テレビ中継とは異なる臨場感を体感できます。

没入型の新たな体感

スポーツ観戦においては、自由視点だけではなくVRカメラなどで撮影した試合の模様をVRヘッドセットやARグラスで楽しめる可能性もあります。たとえば、サッカーの試合でVRヘッドセットを装着したユーザーは、両コートサイドと両ゴール裏の複数箇所に設置したVRカメラの視点を試合シーンに応じて自由に切り替えながら観戦できます。VR映像は、試合会場にいなくても見ることが可能です。また、試合会場でARグラスを装着すると、観客席から見ている実際の試合の光景に別視点からの映像が重ねて表示され、より一層楽しく観戦できます（**図表49-2**）。これらの例では、VRヘッドセットやARグラスに移動の自由度が要求されるため、ワイヤレスで接続されていることが望ましく、低遅延、大容量といった面で5Gの利用が期待されます。

このような没入型体感はスポーツ観戦だけではなく、さまざまなシーンでの利用が可能です。たとえば、演劇でさまざまな視点で役者の動作を見たり、コンサートでさまざまな演奏者の様子を見るといったことが実現できます。

映像をタブレットやVRヘッドセットなどのモバイル端末に配信する部分だけではなく、カメラからサーバー映像を送る部分でも5Gが利用できます。たとえば、旅行中にカメラに撮ったVRカメラの映像を5Gを経由してサーバから自宅の家族に送って一緒に旅行に行っているような体感も実現できます。

▶ 多様なスポーツ映像の配信 **図表49-2**

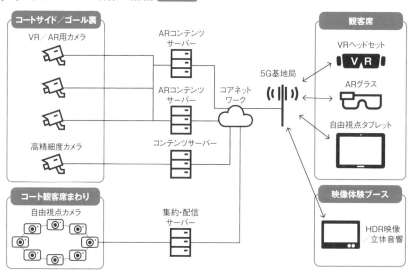

出典：「ソフトバンクニュースリリース、
https://www.softbank.jp/corp/news/press/sbkk/2019/20190807_02/」の図をもとに作成

カメラの映像をサーバーに送るところでも5G無線を利用すれば、カメラを自由に動かすことができる

Lesson ［オンラインゲーム、eスポーツ］

50 5Gで大きく変わる ゲームのしくみ

このレッスンの ポイント

大容量通信や低遅延といった特徴を持つ5Gとネットワークの中のエッジサーバーを利用して、<u>オンラインゲームやeスポーツ</u>が大きく進化する可能性があります。具体的にどのように進化するのか、見ていきましょう。

⭕ クラウドゲームと5G

ソニーのPlayStation NowやGoogleのStadiaなど、クラウドゲームが盛んになりつつあります。クラウドゲームでは、プレイヤーのコントローラーの操作やマイクからの音声はブロードバンド回線やインターネットを通じてクラウド上のサーバーに送信され、サーバーで演算や画像生成などのゲームの処理がすべて行われ、サーバーから動画や音声がプレイヤーの元へストリーミング配信されます。

タブレットやスマートフォンなどを含め

て、プレイヤー端末としてワイヤレスのデバイスを利用すると、プレイヤーの場所や移動に対する自由度が高くなります。この場合に、<u>高解像度の映像がプレイヤーに送られ、コントローラーの操作が低遅延でサーバーに送られると、より臨場感高く、ストレスなくゲームを楽しむことができます</u>。このようなクラウドゲームを支えるのが5Gです（図表50-1）。5Gを利用することによりクラウドゲームの普及、発展が促されることになります。

▶ クラウドゲームにおける5Gの利用 図表50-1

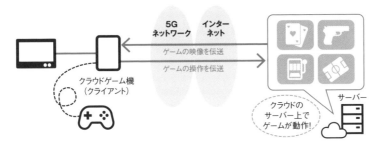

出典：「https://ad.impress.co.jp/special/g-cluster1306/」の図をもとに作成

5Gにより、高解像度、低遅延といったメリットが得られる

● 5Gとエッジコンピューティングで没入型を体感する

クラウドゲームでは専用ゲーム機を必要とせず、タブレットやスマートフォンでもプレイが可能となるため、ゲーム業界の未来の鍵を握る仕組みであると期待されています。しかし、ゲームサーバー自体が遠隔地のデータセンターに配備されていれば、5Gであっても、データセンターに到達するまでの通信路やインターネットでの遅延が大きくなってしまい、満足する体感を得ることができません。

そこで、レッスン34で説明したように5Gネットワークが提供するエッジコンピューティングが力を発揮します。ゲームサーバーをプレイヤーから比較的近い距離にあるエッジサーバー上に配備すれば、プレーヤーとゲームサーバーの間の遅延を大幅に短縮できます（図表50-2）。

この5Gとエッジコンピューティングのしくみはクラウドゲームの中でも、特にリアルタイム性が要求されるeスポーツでの利用が有効です。eスポーツでは、離れた場所にいる選手間でプレイ環境が異なると不公平になります。5Gが提供するネットワークの品質保証（QoS）の機能を利用すれば、公平となるように通信速度や遅延時間を調整することも可能になります。

5Gの大容量性はeスポーツの観戦においても力を発揮します。たとえば韓国の通信大手KTが5Gを利用して提供する「e-sports live」では、スマートフォンの画面を5分割して5人の選手がそれぞれ見ているプレイ画面を同時に表示できます。

▶ ゲームやeスポーツにおけるエッジの利用 図表50-2

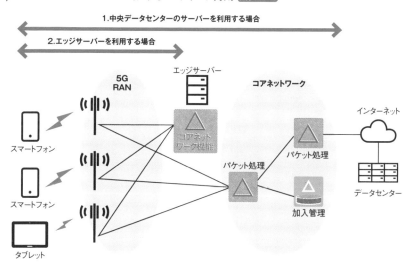

中央のサーバーを利用するより、エッジサーバーを利用することで応答時間が小さくなる

Lesson 51 [FWA]

ラスト1マイルとしての5G

このレッスンの
ポイント

5Gの使い道の1つとして、家庭や小さなオフィスからのインターネットアクセスのためのブロードバンドの提供があります。ここでは光やケーブルの代替として、固定無線アクセス（FWA）の位置づけや使い方を理解しましょう。

◯ 5G NRをFWAに利用

FWAでは、無線アクセスネットワーク（RAN）やコアネットワークは移動通信と同じ構成ですが、端末は移動せず固定設置になります。私たちの家やオフィスでは、無線アクセスのためのアンテナが屋上や外壁に、あるいは宅内装置（CPE）と一体化して実装されます。家庭やオフィス内では、一般にWi-Fiを利用してユーザー端末からアクセスするため、宅内装置はWi-Fiルーターの役割を果します。5G NRをFWAに利用することにより、光ファイバーを用いた場合と遜色ないスピードが得られることから、FWAが5Gの有力な利用形態の1つとなります（図表51-1）。

▶ FWAの利用形態 図表51-1

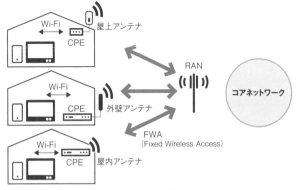

28GHz帯などの高い周波数を利用する場合には、基地局アンテナと家屋の間に建物や木などの障害物がなく、距離も数百メートルまでで、見通せることが条件となる

CPE：Customer Premises Equipment（宅内装置）

基地局からの距離や、電波伝搬状況、家屋の窓の材質などによって、屋外、外壁、屋内のアンテナを選択します。

○ 5G FWAに対する期待

家庭やオフィスのブロードバンドについては、従来の光ファイバーによるFTTH（Fiber to the Home）やケーブルテレビ（CATV）回線、あるいはxDSL（家庭などへつながる旧来の電話回線であるDSL（Digital Subscriber Line）と呼ばれる2本の銅線からなるペアケーブル上で高速通信を実現する技術）などの有線接続が用いられてきました。しかし、有線の場合には地面を掘って引き込み線を通すといった工事が必要でコストが大きく、xDSLの場合にはヘビーユーザーの場合に速度の面で不十分といった問題があります。そこで、移動通信のネットワークを利用する無線アクセスが注目を集めています。日本でも、ソフトバンクがSoftBank AirというLTEを用いたFWAサービスを提供しています。

一方、ブロードバンドのユニバーサルサービス（国民誰でも利用できることを保証する基本サービス）化の流れの中でも、FWAは有力な選択肢となります。国として補助金を出して後押しをするといった政策に結びつく可能性もあります。MNOの立場からしても、光ファイバーなどが潤沢にある都心部以外では、移動通信トラフィックの輻輳も少なく、免許付与された無線帯域すべてを使いきっていない場合があります。これを利用してFWAが提供できれば新たなビジネス拡大の機会になります。しかも、既存の移動通信ネットワーク設備を利用すれば、サービスを迅速に、また大きなコストを掛けずに実現できます。移動通信サービスとのパッケージ化もでき、ユーザーの囲い込みにつながる可能性もあります（図表51-2）。

▶ FWAの位置づけ 図表51-2

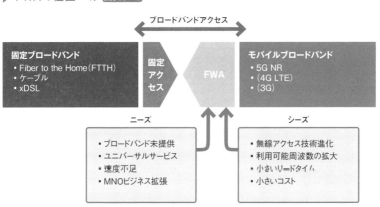

有線の工事ができない場合や有線では速度が足りないといったニーズがある一方、無線技術はそれを補うだけの進化を遂げつつあるため、固定ブロードバンドの代替手段としてFWAが有力な選択肢となりつつある

① COLUMN

5Gにおけるコンシューマー向けサービスパッケージ

調査によると、現在の移動通信ネットワークでは、世界のほとんどのMNOがデータプランということで、月々〇〇GB（ギガバイト）まで定額とか、これと一定量や無制限の通話やメッセージまで含めて定額の料金体系を採用しています。一部の事業者は使い放題のデータプランも設けていますが、使い放題のみのプランを提供しているのは数社のみです。また、多くの事業者が特定の1つあるいは複数のアプリとデータプランのパッケージを提供して、手軽にアプリが利用できるようにしています。実際、調査した世界264事業者のうち、2019年8月時点で114社がアプリとのパッケージを提供しており、特にその中で78社がビデオと音楽のストリーミングサービスとのパッケージを提供していました。これらのパッケージでは使い放題や、データ量制限あるいは視聴時間制限があっても、サービスが使いやすくなっています（**図表51-3**）。5Gの導入が進むとネットワークの通信容量が増大するため、使い放題のプランがより一般化してくると考えられます。低遅延や高速といった5Gの特長を活かして、ゲーム、エンターテインメント、スポーツなどの業界と提携したアプリとデータ通信のパッケージ化も進むでしょう。また、自動車の診断のためのデータ収集や車内Wi-Fiのサポート、ペットや老人の追跡などのパッケージ化も進んでいくと思われます。このように、5Gによってコンシューマー向けのサービスパッケージも徐々に変わっていきます。

▶ ストリーミングサービスとのパッケージを提供しているMNO数 **図表51-3**

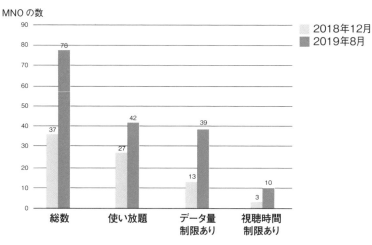

出典：「Ericsson Mobility Report, Nov.2019」をもとに作成

データと映像・音声ストリーミングサービスとのパッケージ化をするMNOが増加している

産業界における
5Gの利用シナリオ

5Gはデジタルトランスフォーメーションを支えるネットワーク基盤として、さまざまな産業界での応用が期待されています。ここでは、5Gを利用する可能性が高い業務において、具体的な利用例を見てみましょう。

[産業界の5G要求条件]

52 5Gを利用する根拠と 5Gへの要求条件

このレッスンの ポイント

多様な業種で5G応用の可能性があり、同じ業種でも使い道によって要求条件が大きく異なります。ここでは、5Gを利用する根拠を明らかにしたあと、主な業界での5G応用の検討状況と要求条件について見てみましょう。

産業応用で無線を利用する理由

さまざまな産業分野で5Gの利用が検討されていますが、あらためてなぜ5Gが必要なのか 図表52-1 を見ながら考えてみましょう。これまで多くの場合、工場やプラントなどでは、通信機能が必要な装置やセンサーは有線でつながれていました。しかし、施設内を移動する製造ロボットや、部品などを搬送する自動走行車（AGV＝Automated Guided Vehicle）を有線で接続することは困難です。また、膨大な数のセンサーを有線接続すると複雑な配線が必要になります。これを無線にすればこれらの問題を解決できると同時に、監視系デバイスなどがより経済的に、手軽に設置でき、また装置構成の変更や拡張に対して柔軟に対応できます。

▶ **移動通信用無線を利用する根拠** 図表52-1

有線に対する無線の利点「機能、サービス面」
- □ 移動するロボット、機器などの接続
- □ 多数の製品、貨物などの接続
- □ 小さな工具、センサーなどの接続
- □ リアルタイムでの状況確認、監視
- □ 設置工事及び保全コストの削減
- □ 迅速な拡張、変更

移動通信用無線のメリット「高信頼接続」
- □ ミッションクリティカル用件での信頼性
- □ 利用デバイスが制限されることによる安全性
- □ デバイス間のアクセス調整による干渉回避
- □ 輻輳制御と無線リソース最適割当て
- □ デバイスでの送信と受信を分離
- □ 接続可能なデバイス数が大

信頼性：大

移動通信無線
LTE/5G

免許要無線

固定接続

柔軟性：低　　　　柔軟性：高

Wi-Fi、LoRa等

免許不要無線

信頼性：小

工場や作業現場で移動通信の無線を使うのはさまざまなメリットがある

⭘ 移動通信用無線には免許帯域の無線が向いている

無線の選択肢には、大きく免許不要帯域と免許帯域があります。免許不要帯域のWi-FiやLoRa/LoRaWANなどは、複数の機器が近くで同じ無線帯域を利用している可能性があり、干渉によってうまく通信できないリスクが伴います。また、ほかの機器が使っている場合は無線帯域が空くのを待って通信し始める必要があるため、想定外の遅延が生ずる場合があります。一方で、免許帯域の無線では、免許を受けた機器だけが無線帯域を占有して使用できるため、ミッションクリティカルな通信に対しても高い信頼性が確保できます。

免許帯域の無線の中で、鉄道や防災など

用途が限定された無線以外で、産業界の通信での利用に適切なのは移動通信用無線に絞られます。特に、4Gと5Gが遅延時間や信頼性、安定性の面で優れていることから、利用範囲が広がっていくと考えられています（**図表52-2**）。中でも、厳しいリアルタイム性が要求される分野や、装置間での厳密な時刻（タイミング）同期が必要とされるユースケースにも5Gが利用できるように、たとえばTSN（Time Sensitive Networking）のサポート（レッスン35）など漸次5Gの仕様を拡充しています。なお、日本でローカル5G（レッスン7）と呼ばれている自営の5Gや4Gの無線も移動通信用無線に含まれます。

▶ 移動通信用無線の適用領域 **図表52-2**

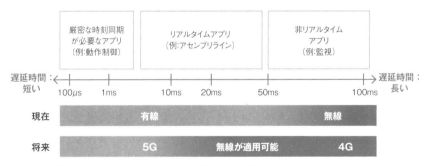

現在は有線接続されている領域でも、無線への置き換えが進む

無線は干渉などの影響で頻繁に切断するので信頼性が低く、ミッションクリティカルな用途には不向きであるという先入観もありましたが、それも4Gや5Gで解消される方向です。

● 異なるIoTセグメントに対応

続いて、要求条件について見ていきましょう。要求条件というのは、①必要な通信速度や送る必要のあるデータ量、②データを送る際の待ち時間や応答時間といった遅延時間、③通信デバイスの消費電力と電池寿命、④通信が途切れないといった信頼性、⑤継続して満足いく通信が維持できるといったアベイラビリティ、⑥機器の位置が正確にわかるといった測位、⑦コスト、などです。

たとえば図表52-3のようスマート工場における通信を考えた場合、同じ工場内でも用途によって要求条件が異なってきますが、レッスン35で学んだように、これらは異なるIoTセグメントに分類できます。製品・部品の在庫管理や物流、追跡については、LPWA型の大量IoT（mMTC）で対応可能です。AR/VRを含む画像・音声通信による遠隔監視や保全サポートについては、ブロードバンドIoTということで4Gあるいは5Gでの対応が想定されます。

部品・製品運搬用自動走行車（AGV）の制御についても、クリティカルIoTということで5Gでの対応が想定されます。また、製造ラインのロボット制御やロボット間の共働制御については、拡充した仕様を含む5Gでの対応が期待されます。

▶ スマート工場におけるIoTセグメント例 図表52-3

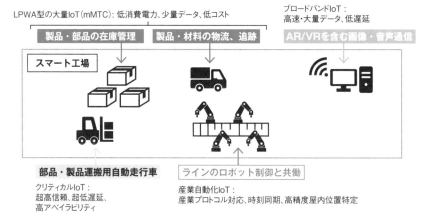

LPWA型の大量IoT(mMTC): 低消費電力、少量データ、低コスト

ブロードバンドIoT：
高速・大量データ、低遅延

製品・部品の在庫管理　製品・材料の物流、追跡　AR/VRを含む画像・音声通信

スマート工場

部品・製品運搬用自動走行車
クリティカルIoT：
超高信頼、超低遅延、
高アベイラビリティ

ラインのロボット制御と共働
産業自動化IoT：
産業プロトコル対応、時刻同期、高精度屋内位置特定

同じ工場内でも、用途によってIoTのセグメントは異なる

ここに示したすべてのセグメントのIoTに5Gが必ずしも必要だというわけではありません。4G（LTE）やそのほかの無線技術を組み合わせて使うのが適切な場合もあります。

● 業界団体における5G利用の検討

さまざまな産業で5Gの利用が考えられていますが、第5章のコラムでも触れたように、一部の業界ではフォーラム活動などを通して、企業間共同で5G応用の可能性を検討しています。それは、企業間で知恵を出し合い要求条件を整理したうえで、標準化団体に働きかけて仕様に反映するためです。これにより、その仕様に基づいて開発された機器が企業間で共通に利用できるようになり、大量生産されればコストも下がるというメリットが生まれます。

たとえば、5G-ACIA（5G Alliance for Connected Industries and Automation）では製造業やプロセス産業における5G応用分野と要求条件を検討しています。また5GAA（5G Automotive Association）やAECC（Automotive Edge Computing Consortium）では、自動車における5G応用分野と要求条件を検討しています。これらのフォーラムでは5G利用の可能性や5Gへの要求条件をドキュメントにまとめて公開していますが、たとえば5G-ACIAのあるホワイトペーパーでは産業分野のユースケースと5GのeMBB、mMTC、URLLCに基づく要求条件のマッピングを示しています（図表52-4）。

▶ 産業分野のユースケースと5G利用シナリオの対応　図表52-4

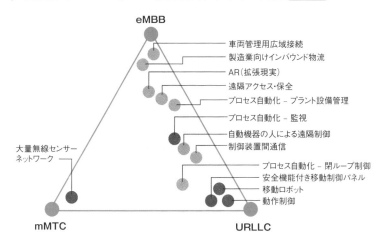

eMBB

車両管理用広域接続
製造業向けインバウンド物流
AR（拡張現実）
遠隔アクセス・保全
プロセス自動化 – プラント設備管理
プロセス自動化 – 監視
自動機器の人による遠隔制御
制御装置間通信
プロセス自動化 – 閉ループ制御
安全機能付き移動制御パネル
移動ロボット
動作制御

大量無線センサーネットワーク

mMTC　　　　　　　URLLC

eMBB、mMTC、URLLCの領域ごとの産業分野をマッピングした図

多くのユースケースは URLLC と eMBB の中間のクリティカル IoT やミッションクリティカル IoT に分類されますが、それぞれ異なる要求条件を持っています。

多様な5Gユースケース

図表52-4 を見ると、精密機械の動作制御や移動ロボットのように信頼性や遅延時間に対して非常に厳しい要件を有するユースケースがある一方、大量無線センサーネットワークのようにmMTCベースの要件を有するユースケースもあります。ARやVRのように高い通信速度が必要なeMBBに分類されるユースケースもあります。これらの中でも特に、回転するなど移動している部品をプログラムされた通りに制御する動作制御は最も困難で厳しく、極めて短い遅延時間と高い信頼性が要求されます。化学、バイオ、そのほかのプラントにおいて、温度、圧力、液体や気体のフローなどの多様なセンサー、そしてバルブやヒーターなどのアクチュエーターを含むプロセスの監視や制御を行うプロセス自動化は、URLCCに分類される動作制御とeMBBに分類されるARやVRの中間に位置します。そのため、5Gの持つ柔軟性を利用して、ユースケースごとに5Gのさまざまな能力を活かして利用していく必要があります。

5Gに対する要求条件

上述のように、それぞれのユースケースの5Gに対する要求条件についても、検討が進んでいます。たとえば、5G-ACIAでは比較的難度の高い制御系のユースケースの要求条件をまとめています（図表52-5）。表中のアベイラビリティ（可用性）は、すべての要求条件を満足する時間割合を示し、多くのケースで99.9999％（シックス・ナインといわれる）が求められます。周期は動作や制御あるいはデータ送信の時間間隔で、タイミング的に図表52-5 より細かいレベルでの正確さが求められることを意味します。

たとえば工作機械では0.5ミリ秒以下の時刻精度が求められ、装置やデバイス間でマイクロ秒レベルの高い精度の同期が必要になります。

ペイロードサイズは装置、デバイスと一度にやりとりされるデータの大きさであり、動画像を利用するケース以外では数百バイト以下の少量データで十分であることがこの表からわかります。

デバイス数は多くても百程度ですが、石油精製プロセス系や化学プラントでは膨大な数になることもあります。

サービスエリアのサイズは工場やプラントの広さに相当しますが、多くの場合1平方キロメートル以下程度になります。ただし、大きなプラントの場合には広大な敷地に対応する必要も出てきます。

極めて正確な時刻精度の実現については、現状工場などでは有線系でTSN（Time-Sensitive Networking）と呼ばれる産業用リアルタイムイーサネット技術の導入が進んでおり、レッスン35で説明したように5GにおいてもTSNを取り込んでいます。

▶ ユースケースに対する要求条件の例（5G-ACIA）図表52-5

ユースケース		アベイラビリティ	周期	ペイロードサイズ	デバイス数	サービスエリアの大きさ
動作制御	大型印刷機	>99.9999%	< 2 ms	20 bytes	>100	100 m x 100 m x 30 m
	工作機械	>99.9999%	< 0.5 ms	50 bytes	〜20	15 m x 15 m x 3 m
	包装機	>99.9999%	< 1 ms	40 bytes	〜50	10 m x 5 m x 3 m
移動ロボット	共働動作制御	>99.9999%	1 ms	40-250 bytes	100	< 1 k㎡
	動画像利用の遠隔制御	>99.9999%	10〜100 ms	15〜150 kbytes	100	< 1 k㎡
安全機能付き移動制御パネル	組立機械またはフライス盤	>99.9999%	4-8 ms	40-250 bytes	4	10 m x 10 m
	移動クレーン	>99.9999%	12 ms	40-250 bytes	2	40 m x 60 m
プロセス自動化（プロセス監視）		>99.99%	> 50 ms	不定		1k㎡あたり1万デバイス

注：「ms」はミリ秒で1,000分の1秒のこと。また、本文に出てきた「マイクロ秒」は100万分の1秒を表す

これらの要求条件は3GPPなどの標準化団体にインプットされ、5G仕様の更新作業の中に取り込まれ、可能なものは順次仕様に反映される

以降のレッスンでは、主要な産業界における事例を中心に5Gがどのように利用される可能性があるかを見ていきましょう。

👍 **ワンポイント 動くものすべてに通信機能**

2000年に当時のNTTドコモの立川敬二社長は、「今後、大きな成長が見込めるのは、機械と機械のコミュニケーションだ」とし、また「2010年には自動販売機や自動車だけでなく、家庭で飼っている犬や猫も移動通信の需要母体となり、動くものすべてに通信機器が取り付けられる」と述べています。IoTの成長を先読みした発言ですが、移動通信はこの発言の通り確実にIoTと産業分野での利用の方向に進化しています。2010年は少し早すぎたかもしれませんが、今後5GのmMTCにより犬や猫を初め動くものすべてに通信機能が備わるようになるのかもしれません。

（参照：ITmedia ニュース、"NTT ドコモ立川社長、今後10年の成長戦略を語る"、https://www.itmedia.co.jp/news/0010/19/docomo.html）

53 ロボット制御や製造工程における5Gの可能性

**このレッスンの
ポイント**

5Gの有力な利用分野である製造業について、特に5Gのミッションクリティカルな通信機能が期待される具体的なユースケースを取り上げて、どのように5Gが使われる可能性があるかを見ていきましょう。

◯ 製造用ロボットやAGVの制御

自動車などの組み立て工場には通常千台単位の製造用ロボットがあり、複数のロボットが相互に連携して共同作業を行うことも一般的です。従来は、ロボット制御プログラムであるPLC（Programmable Logic Controller）は各ロボットに組み込まれていましたが、それを工場内のサーバーに集中して配置し、複数のロボット制御を1か所から行えばロボット間の連携を円滑に行えます。工場のロボットと

ローカルサーバーを5Gで接続すれば、円滑なロボット間連携だけではなく、随時プログラム変更を行うなど大きな柔軟性を実現できます（**図表53-1**）。特に、ミリ秒単位で高精度が要求されるロボット動作制御も、TSNを適用すれば可能です。なお、作業ライン内で製造物や部品を運搬する部品・製品運搬用自動走行車（AGV）についても、クリティカルIoTということで5Gを利用できます。

▶ 製造ラインでの5G利用 **図表53-1**

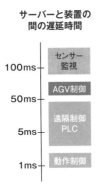
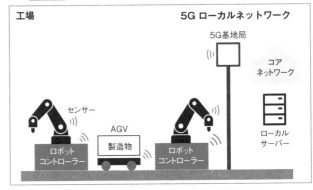

PLCを工場内のローカルサーバーに集中配置し、5Gを利用して複数のロボットを制御する

ジェットエンジン部品の製造例

製造業における具体例として、BLISK（Bladed Disk）と呼ばれるジェットエンジンの部品の製造工程を取り上げます。BLISKは 図表53-2 に示したような超高速回転して圧縮した空気をエンジンルームに送り込む、周りに刃がついたディスクです。この刃を削り込む工程は15～20時間という長時間を要します。しかも切削中は状況を確認できないため、30%程度も失敗するという歩留まりの悪さが問題になっていました。

そこで、製造工程中のBLISKに5Gモジュールを埋め込み、各刃につけた振動センサーからの情報をローカルサーバーに送るというトライアルシステムを構築しました。このモジュールからの情報に基づき、異常な振動があるとローカルサーバーから切削機にアラームを送り、切削機は即座に再調整を行い不適切な切削を防ぎます。切削機の再調整はミリ秒単位の対応が必要とされますが、5Gを使うことでこの超短時間のフィードバックループが形成されます。このトライアルの結果、歩留まりが飛躍的によくなり大幅にコスト削減と作業の効率化が達成される可能性が示されました。

この試験はエリクソンがドイツのFraunhofer研究機構などと一緒に行ったものですが、製造工程への5G利用の大きなポテンシャルが示された一例といえます。

▶ BLISK製造時の5G利用例 図表53-2

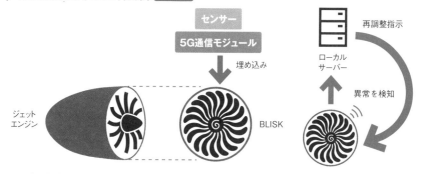

BLISK上に振動センサーと5G通信モジュールを埋め込み、切削状態を監視する

👍 ワンポイント　ドイツのインダストリー4.0と5G

ドイツでは、インダストリー4.0の活動の一環として自動車メーカーを中心とする製造業で5Gの可能性を探るさまざまな取り組みが進められてきました。たとえば、280社以上の企業の研究開発拠点が集まるアーヘンのR&D工業団地では、工業団地全体をカバーする5Gネットワークを構築して5Gを用いたさまざまなトライアルを行おうとしています。

Lesson 54 [i-Construction]

建設・土木業、鉱業での5G応用

**このレッスンの
ポイント**

油圧ショベルやブルドーザーなどの建設、鉱山機械の<u>自動
運転</u>や<u>遠隔操作</u>をはじめとして、建設や土木業、鉱業でも
5Gを積極的に利用しようとする動きがあります。この分野
での5Gの具体的な利用の仕方を見てみましょう。

○ 建設・土木業、鉱業のスマート化の動き

日本では、情報通信技術を全面的に活用して建設に関わるシステム全体の生産性向上を図り、魅力的な建設現場を目指す取り組みとしてi-Constructionが進められています。ここでは、たとえば建設現場の上空のドローンで撮った映像で整地状況を測量しながら、リアルタイムで自動運転ブルドーザーの作業内容を調整して施工設計図に合うように遠隔で操作することが想定されます（**図表54-1**）。

同様に、鉱山でも油圧ショベルやブルドーザーなどの建設・鉱山機械を自動運転や遠隔操作する方向となっています。これらの作業で、ドローンの映像を作業操作室のサーバーに送る部分には大容量かつ低遅延の通信機能が、また、自動運転の制御プログラムを建設機械にリアルタイムで送る部分には超低遅延の通信機能が必要となります。これらの通信が5Gを使って実現できると考えられます。

▶ **スマート建設での5Gの利用** **図表54-1**

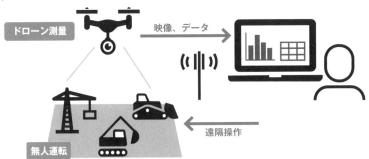

出典：総務省「2020年の5G実現に向けた取組」（2018年12月）をもとに作成

工事現場や建設現場で5Gを利用した自動化や遠隔監視、遠隔操作が進む

● 重機の遠隔操作例

建設、土木業や鉱業における重機の遠隔操作は、すでに国内外で実証実験が進められています。国内ではNTTドコモがコマツと、KDDIが大林組と、またソフトバンクが大成建設と、それぞれ5Gを利用した建設機械の遠隔操作のトライアルを進めてきました。このうちKDDIのトライアルでは、各建設機械の前方に2Kカメラを3台、全天球カメラを1台搭載して、それらの映像を5Gで遠隔操作システムに送り、これを見ながらオペレーターが機械を操作するというものでした（図表54-2）。

カメラ映像については解像度が高いに越したことはありませんが、無線伝送の遅延に加えて符号化／復合化の遅延も考慮する必要があるため、より遅延が大きく

なる4KやVR映像を使うような可能性も含めて検討課題となっています。また、機械の振動や岩石からの反発力などのハプティックフィードバックをリアルタイムに遠隔オペレーターに伝えることにより、操作性を高める検討も行われています。

エリクソンでは、スウェーデンの地下金鉱の掘削作業のための重機を、地上から遠隔操作する実験を進めています（図表54-3）。地下にLTEネットワークを構築して、遠隔操作と共に地下センサー情報の収集を行って通信ネットワークの有効性を確認しました。引き続き、5Gの利用可能性についても検討が進められています。

▶ 建設機械の遠隔操作 図表54-2

遠隔操作では、建設機械に付けた複数のカメラを見ながら遠隔のオペレーターが操作するため映像伝送の遅延が課題となる

▶ スウェーデン地下金鉱における重機の遠隔操作 図表54-3

遠隔操作により、地下に行く手間が省け、有毒ガスや落盤による事故も防げる

出典：https://www.youtube.com/watch?v=AE5AJ-xoUAE

Lesson [運転支援、事故防止]

55 5Gによって進化する コネクティッドカー

このレッスンの
ポイント

車々間での情報交換による運転支援と事故防止、道路地図の作成や自動運転支援のために5Gを利用することが有効と考えられています。ここでは、自動車において5Gがどのように利用される可能性があるか見てみましょう。

⭕ コネクティッドカーの運転支援

カーナビやインターネット接続に加えて、図表55-1 に示すような運転支援のための通信機能を持つ自動車が増加しています。自動車の通信機能は、通信相手によってV2V（Vehicle-to-Vehicle、 車々間）、V2I（Vehicle-to-Infrastructure、路車間）、V2P（Vehicle-to-Pedestrian、歩行者との間）、V2N（Vehicle-to-Network、 ネットワーク

への接続）などがあり、総称してV2Xと呼ばれます。移動通信用無線、特にLTEをベースにしたV2Xの仕組みも標準化されており、一部の国では導入が始まりつつあります。一方で、5G用無線であるNRをベースにしたV2Xの標準化も進められています。

▶ 5Gによる運転支援 図表55-1

トラックの隊列走行（車間連携）

先頭車にだけドライバーがおり、複数のトラックを車間を詰め空気抵抗を少なくして走行する。後続車から先頭車に走行状況や後方の道路映像を送る

車間協調（センサー情報交換）

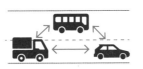

円滑な運転のためにほかの車からの情報を利用

シースルー（前車の前方の道路視野提供）

前方の車からその前の道路や信号の映像をリアルタイムで送ってもらう

遠隔運転（自動運転を補完）

自動運転車に何らかのトラブルが生じたときに人が遠隔で介入

先進運転支援（道路状況情報提供）

道路上の障害物や停車中の車の情報などをクラウドから得る

● エッジで自動車からのデータを処理

コネクティッドカーから得られるデータは、3Dマップの作製や更新、安全運転支援用の情報を抽出するために非常に有用です。自動車につけたカメラからの映像情報をリアルタイムで交通管制センターに送って、道路状況をモニターするのも有益です。しかし、自動車からのデータの利用が広がるに従いデータ量は膨大となり、2025年には月に1台あたり10^{18}バイト（Exabytes）レベルになるといわれています。膨大なデータの送信のためには、大きなネットワーク容量が必要となり、5Gの利用が現実的となります。一方で、自動車からのデータをすべてクラウドに送るとなると、中継ネットワークへの負荷が大きくなり、伝送コストが大きくなるという問題も生じます。逆に、運転支援や3Dマップの更新などの面からは、発生した場所の近くでデータを集約して有益な情報を抽出するのが現実的です。

このような背景から、トヨタやデンソー、NTT、エリクソン、インテルなどが主導するAECC（Automotive Edge Computing Consortium）では、ローカルエリアごとにエッジサーバーを設け、データの処理をエッジコンピューティングで行うことを検討しています（図表55-2）。これにより、エリアごとの高精細地図や最適なルートを自動的に選ぶなどのインテリジェントドライブに必要な情報の速やかな抽出が可能で、そのエリアの自動車にフィードバックできるようになります。一方で、広いエリアにわたって処理を行う必要があるデータについては、エッジで選択・集約して絞り込んだ上でクラウドに送り、中継伝送のコストを抑制します。

▶ ローカルネットワークでのエッジコンピューティング 図表55-2

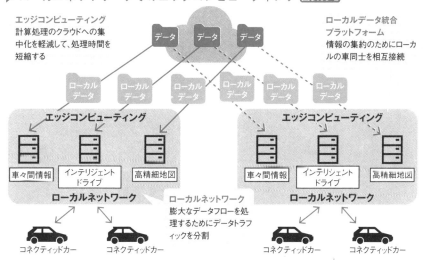

ローカルデータのエッジ処理により、リアルタイム性の要件に応えると同時に全体の処理負荷を分散

Lesson ［医療での5Gの利用］

56 高度な医療サービスが どこでも受けられる

このレッスンの
ポイント

遠隔診断や遠隔手術など、5Gを利用することにより、専門医が近くにいなくても高度で的確な医療サービスが受けられるようになる可能性があります。ここでは、医療において5Gがどのような可能性をもたらすのか学びます。

○ 遠隔診療

過疎化や高齢化によって、小さな病院や離島、へき地の診療所などで、遠くにいる専門医が通信回線を利用して遠隔診療を行うことのニーズは大きくなっています。緊急を要する状況で近くに専門医がいないケースや、患者が専門医のいる病院に出向くことが難しいケースが少なくないためです。こういったケースにおいて音声による問診や鼓動音の伝達だけではなく、TV電話による診察、患部や内視鏡の映像を4Kや8Kの高精細でリアルタイムに送信することにより、より的確な診療が可能となります。このような遠隔診療に、5Gを利用できます。5Gを利用した遠隔診療の有効性を検証するために、診療所に5Gアクセスを実現し、高精細カメラで患者の映像や患部の映像を専門医のいる病院にリアルタイムで伝送して、専門医の診療を行ったり、診療所の医師にアドバイスを送ったりといったトライアルも進められています（**図表56-1**）。

▶ **5Gを利用した遠隔診療のトライアル** **図表56-1**

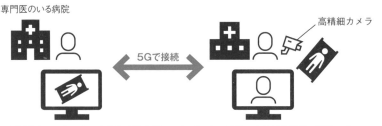

専門医のいる病院

高精細カメラ

5Gで接続

5Gを利用することにより高精細映像を送ることができ、遠隔でも的確な診断が可能になる

◯ 遠隔手術の可能性

5Gは、遠隔診療だけではなく遠隔手術にも利用できる可能性があります。遠隔手術では、直接の執刀は医療マシン（手術ロボット）が行いますが、遠隔にいる専門医が手術ロボットを操作します。この場合、手術部位の高精細の画像を現場のカメラで撮影しながら専門医にストリーミングし、患者（患部）の反応をハプティクフィードバックとして得ながら遠隔で手術が行われます（**図表56-2**）。たとえば時間的な猶予がなく、患者を病院に搬送する前に手術が必要な緊急時には、このような遠隔手術が有効となります。

遠隔手術を実現するためには、ハプティックフィードバックのためにミリ秒単位の厳しい遅延が要求されます。患者の映像も高精細であると同時に、数十ミリ秒単位の遅延に抑える必要があります。加えて**図表56-3**のように手術中に通信が途切れたり、伝送エラーが発生しないといったアベイラビリティや信頼性、第三者が介入したり妨害しないといったセキュリティの面で厳しい要求条件がありますが、これらは今後の5Gで実現可能になると期待されます。

▶ **5Gを利用した遠隔手術の利用シーン** **図表56-2**

ストリーミング

手術ロボットを遠隔操作

手術設備を備えた救急ヘリコプターが患者のいる現場に飛び、病院の医師が遠隔手術するような場面も想定

▶ **遠隔手術における通信への要求条件** **図表56-3**

遅延	ハプティクフィードバックにおいては、ミリ秒単位の遅延が要求される	**電池寿命**	電池を利用している場合には、長時間の手術などに耐える寿命が必要
ピーク速度	高精細画像のストリーミング送信のために、高いスループットが必要	**アベイラビリティ**	通信の切断は手術の進行に致命的であり、最小限にする必要
実効速度	高精細画像のストリーミング送信のために、高いスループットが必要	**信頼性**	通信データ欠落は手術の進行に致命的であり、最小限にする必要
		セキュリティ	人命に関わる影響があるため、通信への第三者の介入を防ぐ必要

遠隔手術では非常に厳しい要求条件があり、5Gはそれを満足する性能を実現する必要がある

[農業、漁業における5G]

57 農業、漁業の生産性向上に役立てる

このレッスンのポイント

カメラのついたドローン、水中カメラを利用した遠隔監視や、さまざまなセンサーの利用など、農業や漁業でも5Gを活用できる可能性があります。ここでは、具体的に5Gがどのように活用できるのか、見ていきましょう。

⬤ 農業と5G

人気TVドラマ「下町ロケット」には無人運転トラクターが登場しましたが、自動運転を行う農機の遠隔での制御や、必要な場合に遠隔運転を行うなどの場面で、5Gは重要な役割を果します。また、固定カメラやドローンについたカメラの映像で農作物の生育状況を遠隔でモニターする場合にも、5Gの利用が考えられます。同様に、ニワトリや家畜などをモニターカメラの映像で監視することも可能です

（**図表57-1**）。

さらには、遠隔運転の農機やドローンで散水や薬剤を散布したり、給餌ロボットで給餌したりするような作業でも5Gの利用が考えられます。このほか、ドローンで農作物を荒らす鳥獣を検出して遠隔操作により超音波、警報、光などにより撃退するといったこれまで人間が行ってきた作業の自動化、効率化も5Gによって実現可能です。

▶ 農業における5G利用のイメージ **図表57-1**

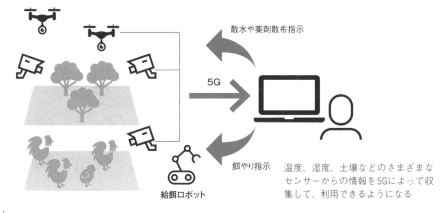

散水や薬剤散布指示

5G

餌やり指示

給餌ロボット

温度、湿度、土壌などのさまざまなセンサーからの情報を5Gによって収集して、利用できるようになる

● 漁業と5G

漁業でも、5Gを有効に利用できる可能性があります。図表57-2のようにたとえば、沖に一斉に出掛ける一本釣り漁船のいけすの底にカメラをつけておきます。各漁船で釣られた魚がいけすに入ると個々の魚を特定するための特徴を抽出すると同時に識別番号を付け、5Gを用いてその魚の魚種、大きさなどの情報と共に漁協に送ります。漁協では、実際の魚が陸揚げされる前に値付けと売買が行われ、陸揚げから個々の魚の自動識別と目的地別のグループ分け、配送までを鮮度を保ったまま一気に行うことが可能になります。

この例では、漁船に設置された計測機器で漁獲位置情報、漁獲量、漁獲時間、海水温、塩分濃度、リン・窒素量、気象情報などを5Gを用いて漁協へ送信して、クラウドに蓄積できます。漁協はこの情報を分析して、その日最も漁獲量が高いと予想されるエリア情報を漁業関係者へ提供可能になります。また、年間を通して蓄積された大量データの分析に基づき、その日の海の状況に応じて最適な漁場を見つけ出して漁船をそこに向かわせる自動操縦システムの開発も可能と考えられます。

魚や牡蠣の養殖において、定置網や養殖場で水中カメラからのリアルタイム映像に基づく潮の満ち引き、盗難監視や、センサーによる水温、気温、塩分濃度、カゴの揺れなどの環境測定情報を5Gを通してクラウドに蓄積することも可能です。得られたデータを分析することで、経験則で行ってきた波や温度と養殖の良否との関係を見える化し、養殖の安定化、効率化につなげることができます。

▶ 漁場における5G利用のイメージ 図表57-2

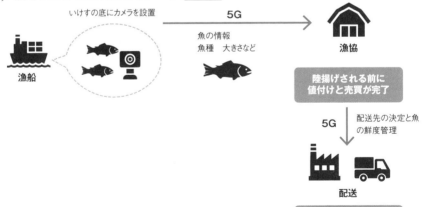

いけすの底にカメラを設置　5G

魚の情報
魚種　大きさなど

漁船

漁協

陸揚げされる前に
値付けと売買が完了

5G　配送先の決定と魚の鮮度管理

配送

鮮度を保ったまま配送

出典：総務省「5G利活用アイデアコンテストの結果」(2019年1月)をもとに作成
水中カメラの映像を、海上のブイに付けた5G端末から直接漁協に送ることが可能になる

Lesson [社会の不安を取り除くために]

58 暮らしの安全、安心を 支援する5G

このレッスンの ポイント

人手不足の中、ロボットやドローン、AIの力を借りて警備 をしたり、不順な天候に起因する交通障害を克服したりす る作業などでも5Gを活用できる可能性があります。このよ うな<u>公共の利益のための利用</u>も5Gの重要な活用分野です。

○ 5Gを利用した警備

繁華街や競技場周辺など多くの人が集ま るところで、犯罪が発生したり熱中症な どの病人が出たりする頻度が高まってお り、警備や見守りに対するニーズが高ま っています。また、国際的なスポーツ大 会や会議など大規模なイベントにおいて は、不測の事態に対する警備が非常に重 要であり、より厳重なセキュリティ対策

が求められます。

このような背景から、警備員が装備した カメラや、カメラ付きのドローンからの 4Kなど高精細映像を5Gを経由して集約し、 AIも利用した画像分析によって、<u>異常、 不審な行動</u>をリアルタイムで自動検出す るシステムが検討されています（図表58-1）。

▶ 5Gを利用した警備 **図表58-1**

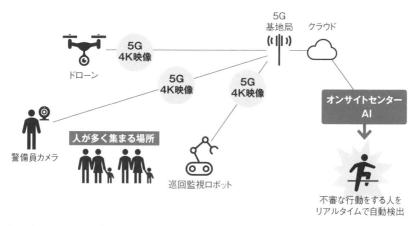

顔認識などで個人を特定することが可能になってくるので、プライバシーの面での配慮も必要になる

◯ 除雪車の安全走行

私たちの安心につながる5Gの使い方の例として、豪雪地帯での除雪車の安全走行を取り上げます。雪深いところでは、除雪車が走行する道路も消雪パイプなどがなければ深い雪に覆われてしまい、路面が見えなくなります。そこで、5Gの特徴である低遅延、高速通信を活かして、除雪車の位置情報に応じた道路沿いの障害物情報を提供し、除雪作業の安全かつ効率的な運行を支援するシステムが考えられます。除雪車の運転席に5G通信機能を持つディスプレイを設置し、市町村の管理部門が持つデータベースに蓄積された積雪のない夏場の状況をリアルタイムに取り寄せて表示します。それによって、雪の下に埋もれているマンホールや縁石などに注意しながら、それらを破損しないように、また転倒しないように除雪作業が行えるように支援します（図表58-2）。また、通常は降雪の少ない地域で積雪すると、交通が麻痺する事態が発生することもあります。その際に、ほかの地域から応援にかけつける除雪車の操作員の作業を効率化することも期待できます。

▶ **除雪車の安全運航支援** 図表58-2

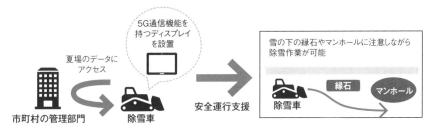

出典：KDDI ニュースリリース「KDDI、大林組、NEC「5G」を活用し、建機の遠隔操作による連携作業に成功」
（2019年1月17日）をもとに作成

除雪車に載せたディスプレイで、実際の道路の映像の上にAR技術を用いて障害物を表示

👍 ワンポイント　町や村の情報収集車

暮らしの安全、安心といっ意味では、町や村に5G通信機能を備えた情報収集車を走らせ、道路状況やゴミ収集状況などの重要生活拠点の高精細映像を市町村の担当者にリアルタイムで中継するというアイデアもあります。道路を走行する車のカメラが捉えた映像を5Gを通してサーバーに送り、AI技術を用いて行方不明者、徘徊老人、犯罪者などを照合することも可能でしょう。

[港湾、空港での5Gの利用]

59 船や飛行機に関わる作業の効率化

**このレッスンの
ポイント**

港や空港には船や飛行機だけでなくさまざまな車両や機器が動いています。その中には<u>クレーンの遠隔操作やフライトの管理</u>など大容量や低遅延の通信の恩恵を得るものもあります。5Gを用いた具体的な取り組みを見てみましょう。

◯ コンテナ用クレーンの遠隔操作

港に入ってきた船舶に搭載されているコンテナの積み卸し作業は、「ガントリー」と呼ばれる巨大な構造物につけられたレールに沿って動くクレーンを用いて行います。クレーンの操縦席はガントリーの上部、地上数十メートルのところにあり、運転士は船とコンテナ、クレーンを見ながらコンテナの積み降ろし作業を行います。運転士の作業環境が高所なので、危険かつ孤独であり、操縦席を上り下りする手間も掛かります。<u>地上からクレーンの遠隔操作ができれば安全で、仲間との</u>連携もしやすくなるはずです。

そこで5Gを用いたクレーンの遠隔操作のトライアルが行われました（**図表59-1**）。クレーンに30台以上のHDカメラを付け、船やコンテナ、コンテナを運ぶ車両などをさまざま角度から見た映像を地上の操作室に送り、運転士はこれらを見ながらクレーンを遠隔操作するというものです。クレーンの遠隔操作に加えて、荷物を運ぶAGVの運行など、5Gの大容量、低遅延通信の特性を用いて、港湾作業が効率化できると期待されます。

▶ **コンテナ吊り上げクレーンの遠隔操作** 図表59-1

船やコンテナ
などの映像

シビアなリアルタイム性が求められる作業を5Gで支援

クレーンの遠隔操作

カメラの付いた港のガントリー　　　地上の操作室

出典：Ericsson 社のプレスリリース「Ericsson and China Unicom announce 5G smart harbor at the Port of Qingdao」（2018年2月26日）をもとに作成

シビアなリアルタイム性が求められる作業を5Gで支援

● 大量飛行データのダウンロード

飛行場では、図表59-2のように乗客や荷物の運搬、警備や監視系、飛行データなどに関連してさまざまな通信のニーズがあります。特に飛行データについては、飛行機が空港に着陸する際に航空会社の運航センターに無線でダウンロードできれば、異常や問題がないかを即座に分析し、次のフライトに備えたり、保守作業に役立てたりすることができます。

しかし、飛行データは1回の飛行で数10ギガバイトの情報が生成される巨大なものです。ダウンロードや分析のために飛行機の出発時間が遅れてしまっては、かえって運航計画や顧客満足度に重大な影響を及ぼしかねません。できるだけ速く飛行データをダウンロードして、次のフライトまでに分析を終えることが望まれます。そこで、飛行機が着陸してターミナルまで地上走行する間にダウンロードを開始し、その後の駐機中に作業を完了するために、5Gを利用することが期待されています。5Gなら通信速度に加え、信頼性やセキュリティ面でも要求を満たします。

▶ 飛行場での通信ニーズ 図表59-2

乗客	飛行データ	荷物の運搬	警備や監視データ

飛行場はさまざまな人や物が動いているので、大きな移動通信のニーズがある

港や空港は限られたエリアでさまざまな通信のニーズがあるので、公衆用の移動通信ネットワークとは独立したプライベートネットワークが構築されることもあります。

👍 ワンポイント　エンターテインメント用コンテンツのダウンロード

飛行機に関しては、機内の娯楽として提供する音楽や映画、ニュースなどのAVデータを機内サーバーへアップロードする際にも、大量のデータを送る通信機能が必要となります。このようなデータ通信も、飛行機が空港で駐機中に行う必要があり、5Gを利用するのに適したユースケースです。

Lesson [5Gのプライベートネットワーク]

60 産業応用ローカル5Gの ネットワーク構成を知る

このレッスンの ポイント

ここまでさまざまな産業分野での5Gネットワークの利用例を紹介してきました。最後に、実際に工場やプラントなどで5Gのプライベートネットワークを構築する場合を想定し、どのような構成になるか見てみましょう。

⭕ プライベートネットワークとMNOの関係

企業が運営する工場やプラントなどを対象として5Gのローカルネットワークを構築しようと考えた場合、企業自身がネットワークを構築する場合と、MNOに全面的あるいは部分的に依存する場合があります。後者の場合、いくつかのやり方が考えられます。MNOのネットワークスライシング（レッスン34参照）を利用して、企業の要求条件を満たすスライスを提供

してもらうのが1つのやり方です。この場合、企業内で利用するデータでもMNO経由でやりとりすることになります。企業がNR基地局を設置し、MNOのLTE基地局とEPCを利用してNSA（レッスン37参照）ネットワークを構成することも可能です。コアネットワークまで企業が持ち、MNOのRANをシェアして利用する構成もあります（図表60-1）。

▶ ローカルネットワークの構成 図表60-1

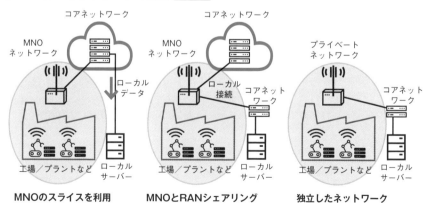

| MNOのスライスを利用 | MNOとRANシェアリング | 独立したネットワーク |

RANシェアリングではMNOの基地局を使うが、ローカルに専用のコアネットワークが置かれる

○ ローカル5Gネットワークの構築

独自のローカル5Gネットワークを構築する場合、まずは工場やプラントの規模、機器や製造ライン、設備配置に応じて無線ネットワークを設計する必要があります。設計ができたら、それに基づいて、基地局の配置を決めていきます。

コアネットワークは仮想化が進んでいるため、自営ネットワークの規模であれば1枚のPCボードにソフトウェアとして搭載することが可能です。したがって、このコアネットワークソフトを搭載したボー

ドと基地局ベースバンドのボード、さらにはサイト内のルーター、ネットワーク運用管理用ソフトを搭載したPCボードなど、必要なもの一式が小さなラックに収まります（図表60-2）。場合によっては、企業で利用するアプリケーションソフトウェアもあわせて収容できます。

なお、ローカルネットワークの設計、チューニング、運用にはある程度の専門知識が必要になるので、そのための人員の確保が必要となります。

▶ ローカル5Gネットワーク装置構成例 図表60-2

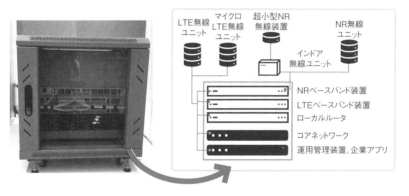

これはNSA構成の1つの実装例で、実際には様々な構成が考えられる

👍 ワンポイント　NSA構成のローカル5G

NSA構成でローカル5Gを構築する場合、LTE用とNR用のベースバンドボードがそれぞれ必要となります。これらのベースバンドボードから光回線で、LTE無線ユニットとNR無線ユニットにそれぞれ接続します。無線ユニットは建屋の天井や壁に建屋のサイズに応じて必要な数を設置して、敷地内のカバレッジを確保します。NR及びLTEの無線上で送受信されるデータは、コアネットワークを介して同じラック内あるいは構内の別の企業アプリを処理するサーバーとやりとりされます。データは構内から外に出ていかないので、セキュリティが確保されます。

ⓘ COLUMN

プライベートネットワークへの無線免許の割り当て

日本では2019年12月から、工場や建設現場の敷地内で機械や車両の接続に利用したり、FWA（固定無線アクセス）で家庭へのブローバンドの提供のために利用するローカル5Gとして、28.2～28.3GHzの無線免許の付与が始まりました。2020年以降、4.6～4.8GHzや28.3～29.1GHzについても、ローカル5Gとして無線免許が付与される予定です。

このようなプライベートネットワークへの無線免許の割り当ては、日本だけではなく世界的な動きとなっています。ドイツではIndustrie 4.0の流れもあり、工場などで利用する3.7～3.8GHzの割り当てが始まっています。スウェーデンでも3.7～3.8GHzが、英国では3.8～4.2GHzなどが対象となっています。米国では郡（county）単位で、ほかの利用者との調整を行いながら利用するCBRS（Citizens Broadband Radio Service）という3.5GHz帯の無線の利用が可能になります（図表60-3）。

一部の国では、プライベートネットワーク用に専用の無線免許を割り当てず、MNOが持っている無線免許をMNOが使っていないエリアでまた貸しして利用するようなしくみもできています。これらのしくみを利用することにより、企業が必要に応じてプライベートネットワークを構築することが可能です。

プライベートネットワーク用の周波数の利用にあたっては、各国の制度に従い、必要に応じてMNOネットワークやほかのシステムとの干渉を緩和する措置を採ったうえで利用する必要があります。

▶ 自営ネットワークへの無線免許付与の動き 図表60-3

検討中、割当済みの国	対象周波数
日本	4.6～4.8GHz、28.2～29.1GHz
ドイツ	3.7～3.8GHz、26GHz
スウェーデン	3.7～3.8GHz（3.8～4.2GHz）、26GHz
イギリス	3.8～4.2GHz、2.3GHz、1.8GHz、26GHz
フランス	2.6GHz、26GHz
アメリカ	3.55～3.7GHz (CBRS)、37GHz
オーストラリア	24～27GHz

世界のさまざまな国で、プライベートネットワーク用の周波数の確保が進む

Chapter

8

5Gから先の
移動通信ネットワーク

移動通信は5Gがゴールではありません。産業界でのビジネス利用という意味ではむしろ5Gが出発点になります。5G以降も、移動通信の発展は継続し、ユースケースもどんどん広がっていくと考えられます。

61 [今後の移動通信]
5Gより先の世代では
どのような技術が登場するか

**このレッスンの
ポイント**

5G以降の移動通信の進化においては、通信技術自体の進化もありますが、ユースケースの進展も考慮する必要があります。移動通信の進化を牽引するとされる、新たなユースケースと技術を見ていきましょう。

⚫ 要求条件の厳しい主要ユースケース

今後の移動通信ネットワークは、多様なアプリやサービス処理のプラットフォーム、つまりPCにおけるWindows OSのように実行環境的な位置づけとなり、それらを支える技術の開発が進化していきます。そうした中で、今後特に期待され、一方で厳しい要求条件を持つユースケースがInternet of Skillsとデジタル・ツインです。デジタル・ツインについてはレッスン45でも触れましたが、実際のフィジカル空間とそれを模擬する計算機上のサイバー空間とを融合させる技術です。

こうした技術を使えば、サイバー空間で現実の世界で起こる可能性があることを仮想的に実行して、その結果がどのようになるかを予想してから問題がなければ実行するといったことが可能になります。これにより最小限のリスクで、最適な結果を得ることが期待されます。

また、現実の世界で起こっていることをサイバー空間で擬似して、不測の事態が起こる前に即座に対策を取ることも可能です。たとえば、原子力発電所の原子炉の中の状態を計算機上で模擬します。そして何か異常が起こり始めたときに、今後どのような事態が発生するかを予測し、放射性物質放出などの危険な事態が発生するのが予想された場合に、実際の原子炉でそれを未然に防止する対策を取るといったことが可能になるのです。

デジタル・ツインでは、現実の装置などと計算機との通信には低遅延や高い信頼性が要求されます。

● 人間と機械が相互作用する「Internet of Skills」

Internet of Skillsというのは、**図表61-1**のように人間同士、人間と機械やロボットの間の距離を埋め、お互いに同じ物理空間に存在するかのような没入感の中で相互作用する技術です。VRあるいはホログラム通信を使って、あたかも会議室内の目の前に遠くの人たちがいるような状況で遠隔会議を行うのは1つの例です。

買い物やゲームでも利用できますが、自動運転の車がトラブルに巻き込まれたときに遠隔でその車を運転するようなケースもこれに含まれます。そのほか、特殊技能を持つエンジニアが海中や空中、地下のロボットを遠隔制御するようなシナリオや、患者の周りのカメラが捉えた画像をVRグラスで見ながら、また周りの音や患部からのハプティックフィードバックを得ながら遠隔手術をするようなシーンも考えられます。

さらに、原子力発電所の中の装置の保守・点検作業、トラブルへの対応措置、修理などを遠隔で行うようなケースもあります。

高い精度で効率よく情報を収集して安全に画像や音声で伝達する必要があるため、遠隔の熟練者と作業現場の間の通信には低遅延だけではなく、高い信頼性、正確な測位、高度なセキュリティが要求されます。

▶ Internet of Skills **図表61-1**

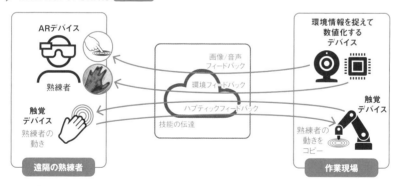

出典：「European Conference on Networks and Communications (EuCNC) 2017」
(Maria A. Lema, Konstantinos Antonakoglou, Fragkiskos Sardis, Nantachai Sornkarn, Massimo Condoluci, Toktam Mahmoodi, Mischa Dohler)をもとに作成

遠隔の熟練者と作業現場の間の通信には、極めて厳しい要求条件が課される

デジタル・ツインや Internet of Skills の厳しい要求条件は、5G である程度満足することができますが、具体的ユースケースの中では 5G より先のネットワークが必要のものもたくさんあると思われます。

● 進化を促進する技術①「ユビキタス無線アクセス」

ビル影や地下などでも高速通信が途切れないように、どこでも安定して無線アクセスを実現すると同時に無線アクセスの能力を高める技術です。端末から複数の基地局に同時に接続したり、他人の端末を中継して基地局に接続、あるいは近くにある複数の端末間で協調して送受信を行ったりすることが考えられます。また、100GHz以上の高い周波数の利用による超高速通信の実現も視野に入るでしょう。このほか、無線ネットワークを利用した測位や環境センシングなどの新たな機能も期待されます（図表61-2）。

▶ ユビキタス無線アクセス技術の例 図表61-2

・複数無線基地局同時接続	・端末中継接続、端末間協調
複数の基地局と接続することで高い性能と冗長接続による信頼性が、また異なる無線技術が混在すればさらに大きな冗長性が確保できる	端末間を中継して接続することにより広いカバレッジを確保し、複数端末が協調して送受信することで分散アンテナのように高い性能が得られる

● 進化を促進する技術②「分散処理、分散ストレージ」

エッジコンピューティングを進化させ、計算処理とストレージを超分散配備し、それらを超高速ネットワークで有機的に結合する技術です。コンピューターの進化により、演算処理すべてを一種類のプロセッサーで行うのではなく、動画像など大量データを効率よく処理する超並列処理プロセッサーや、最適化問題などを超高速で解く量子プロセッサーなどが組み合わされた複合処理が一般化します。また、大容量メモリーが分散配備され、メモリーとプロセッサーを一体化してデータ処理を効率化する方向に進化します（図表61-3）。

▶ 分散処理、分散ストレージ技術の例 図表61-3

・量子プロセッサー、専用演算素子	・メモリー中心のアーキテクチャー
多数の無線基地局を各端末がどう使うのが最適か、などの計算に量子プロセッサーを使ったり、データのルーティング処理に光コンピューターを使える可能性がある	メモリーの中にプロセッサーが埋め込まれたアーキテクチャーになれば、処理性能の向上だけではなく、データの移動がなくなるので消費電力も飛躍的に低減できる

通信ネットワークの基本は、経済的で効率よい接続（通信パス）がいつでも使えることです。ここに示した技術は、すべてそのような基盤となる通信機能を補完する、あるいはその基盤の上に成り立つ技術です。

◯ 進化を促進する技術③「ゼロタッチネットワーク」

手を介さずに、ユーザーの要求に合った ネットワークを自動的に構成し、運用する技術です。速度、遅延時間、信頼性など通信に対する要件が多様化、複雑化するのにともない、最適なネットワーク構成を自律的に形成したり、障害が起こる前に予知、回避したりすることが重要となります。AIを利用すれば、これらに加えて、ドローンを含むロボットによる基地局などの監視や保全の自動化も可能となります。目的に合ったネットワークが人手を介さずに実現できます（図表61-4）。

▶ ゼロタッチネットワーク技術の例 図表61-4

・AIでネットワーク自動最適化	・不測の状況への自動的対応
ビジネス的に必要な通信速度、遅延や処理容量に基づいて、AIがネットワークを自動的に最適設計し、また必要に応じて容量の増加や削減を行うようになる	MLによるシステムの適切なモデル化により、予期しない状況が発生しても自動的に適切な対処を実行して、システムが不安定な状態に陥ることや障害の発生を防止する

◯ 進化を促進する技術④「セキュリティの保証」

ネットワークが複雑化していく中で、通信データが窃盗、改ざんされないように保護し、悪意を持ったプログラムがネットワークに侵入するのを防御する技術です。ビジネスや社会がますます公衆通信に依存するに従い、データや情報の保護がより一層重要となります。そうした中で、ネットワークへの侵入や盗聴を検出しデータを保護するための人工知能（AI）や機械学習（ML）の役割が期待されます。また、実用化間近の量子計算でも敗れない強靭な暗号化や、一方でIoTデバイスでも対応可能な軽量の保護アルゴリズムが必要となります（図表61-5）。

▶ セキュリティ保証技術の例 図表61-5

・AI/ML利用による脅威検出・排除	・量子計算で破れない新暗号化
AI/MLを利用して、ネットワークやシステムに対する攻撃の自動検出や排除、安全性のチェックや保証、継続的な監視をすることが可能になる	量子計算の普及に伴い既存の暗号化が破られる脅威に対して、これに対抗する新たな枠組みの暗号化技術を確立する

これらはすべてが技術として近い将来確立されるわけではなく、大きなハードルがある技術については実現されないかもしれません。

［どこでも高速通信］

62

無線アクセスの進化と
ラジオストライプ

**このレッスンの
ポイント**

5Gでは、どこでも高速通信ができることが期待されますが、高い周波数だと電波がすぐに弱まったり障害物の影響を受けたりと、<u>多くの課題</u>があります。今後それらの課題をどのように克服するか見ていきましょう。

⭕ 端末間でデータ中継や端末間で協力して送受信

5Gの標準化の中では、基地局と端末の間の無線信号を中継するリレー装置の機能が規定されています。今後、ビル影や地下などでも数百Mbps以上の高速通信が途切れなく実現できるように、無線アクセスネットワークがさらに進化すると期待されます。たとえば、基地局と端末の間のデータを他人の端末を中継して送受信することにより、実質的なカバレッジが拡張され、無線品質の改善により、さらに高速なデータ通信を実現可能です。それを一段階推し進め、近くにあるほかの端末と協力して、複数端末から基地局へのデータを分割して送信し、基地局で合成することにより、送信データ速度を改善することができます。これをジョイント送信といいます。また、基地局へのデータを複数端末で受信して、本来受信すべき端末に中継するジョイント受信により受信データ速度を改善することもできます（**図表62-1**）。

端末間の協調・協力には、ほかの端末の利用に伴うプライバシーのリスク、中継料金の制度など、解決すべき課題も多く存在します。

▶ 端末間でのリレーとジョイント受信・送信 **図表62-1**

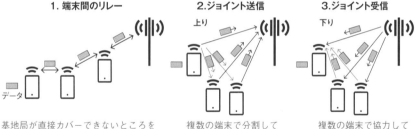

1. 端末間のリレー

データ

基地局が直接カバーできないところを
端末をリレーしてカバレッジ拡張

2. ジョイント送信

上り

複数の端末で分割して
データ送信

3. ジョイント受信

下り

複数の端末で協力して
データ受信

● アンテナをはりめぐらすラジオストライプ

どこにいても高い品質のサービスを実現するためには、私たちが持っているスマートフォンなどの端末から近いところに基地局のアンテナを設置するのも有効です。そのような観点から、将来の新たなアンテナの姿として「ラジオストライプ」という直線状のビニールテープの上に印刷したアンテナを発表しています（図表62-2）。これは従来のビルの屋上にある棒状や板状のアンテナや屋内の天井に設置されたアンテナなどとはまったく異なる形状で、テープの上にデータを送る信号線や電源線が印刷されたものです。ラジオストライプでは、分散アンテナという技術を用いて、テープ上の複数のアンテナで端末との無線信号を送受信します。

ラジオストライプを工場内やショッピングセンター内、スタジアムの中などに張り巡らすことで、たくさんの人たちが高い品質で通信できるようになります。電源線やLANケーブル用のダクトの中に入れたり、カーペットや壁紙に埋め込むことも可能で、景観を損ねずに柔軟にアンテナを設置できます（図表62-3）。

携帯電話ネットワークのアンテナに関しては、すでに道路上のマンホールや街路灯に埋め込んだものが実用化されていますが、将来はラジオストライプのような新たな形態も導入され、文字通りどこでも高品質のブロードバンドサービスが利用できるようになると期待されます。

▶ ラジオストライプ 図表62-2

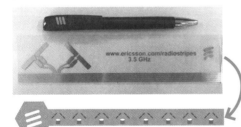

低い周波数ではアンテナ処理ユニットがアンテナと別々に実装されますが、高い周波数ではアンテナと一体化します

中央処理ユニット

| 10 GHz | 28 GHz | >60 GHz | THz |

アンテナ 処理ユニット

▶ ラジオストライプ（点線で表示）の実装イメージ 図表62-3

屋内（左）や広場、スタジアム（右）などに張り巡らすことで多くの人が高い品質の通信を利用できる

Lesson　［無線周波数の共用］

63

限られた無線の資源を 有効的に利用するには

このレッスンの ポイント

これまでのレッスンで述べてきたように、無線周波数には 限りがあります。今後、無線資源の不足がますます進むこ とが予想されるため、異なるシステム間で周波数を共用す るといった工夫が必要です。そのしくみを見てみましょう。

Chapter 8
5Gから先の移動通信ネットワーク

○ 免許不要周波数の共用（Listen before talk）

4Gや5Gなどの移動通信は、移動通信事業 者（MNO）が国から無線免許を取得して 専用に使える免許周波数を利用していま す。一方で、私たちが使う無線LANや Bluetooth、あるいは電子レンジなどでは 免許が必要ない免許不要周波数を使って います。このうち、無線LANのようにた くさんの人（端末）が同時に使う可能性 のある免許不要無線帯域では、同時に利 用する端末や基地局（無線LANではアク セスポイント）の間でデータなどの送信

信号がなるべくぶつからないようなしく みが設けられています。その1つがListen before talk（LBT）です（図表63-1）。「ほか の人がしゃべっていないことを確認して から話し始める」という意味ですが、デー タを送ろうとしたときに無線チャネル が空いているかどうかモニターし、空い ていなければ空くまで待ち、さらに空い てから、発生した乱数によって決まる時 間だけ待ってから送り始めます。

▶ LBT（Listen before talk）の仕組み 図表63-1

データを送る前にほかの基地局（アクセスポイント）がチャネルを使っていないか確認して、使って いれば使い終わるのを待ち、さらにある時間待ってからデータを送り始める

免許周波数の共用

免許不要周波数の共用については、たとえば無線LANなどが使っている帯域でMNOがLTEを使い、ランセンス周波数と束ねてより高速な通信を提供する仕組みがLAA（Licensed-Assisted Access）として規定されています。免許不要で5G NRを利用するしくみも、NR-U (NR-Unlicensed)として規定されています。一方で、免許周波数についても無線有効利用の仕組みが考えられています。米国の例を挙げると、3.5GHz帯のCBRS（Citizens Broadband Radio Service）と呼ばれる国や固定通信事業者がライセンスを取得している帯域で、使われていない場所や時間帯に他のユーザーが使うしくみを決めています（図表63-2）。

米国に3,000程度ある郡（county）単位で、SAS（Spectrum Access System）と呼ばれるデータベースを設け、CBRS帯域の利用状況を管理します。MNOをはじめとして郡単位でPAL（Priority Access License）と呼ばれる免許を取得した業者は、SASを参照して既存ユーザー（IA= Incumbent Access）が使っていないことを確認して、空いていれば使用できます。さらに、IAにもPALにも使用されていなければ、免許を持たないユーザーもこの帯域を利用可能です。これと似たしくみが、欧州の一部の国でもLSA（License Shared Access）として検討されています。また、日本でも免許周波数共用の検討が進められています。

このように、5G及びそれ以降の移動通信などで無線の需要が今後ますます増大するに伴い、ライセンス周波数を含む無線周波数を有効利用するためのしくみが確立していくでしょう。

なお、上記米国SASの運用についてはグーグルやソニーなどが名乗りを上げており、実際の運用は2020年半ばから始まる予定です。

▶ 米国CBRS での周波数共用 図表63-2

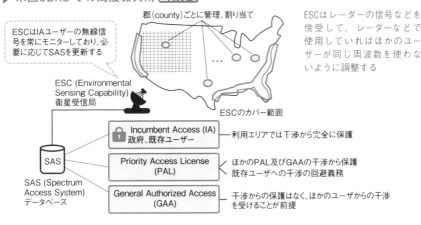

郡(county)ごとに管理、割り当て

ESCはIAユーザーの無線信号を常にモニターしており、必要に応じてSASを更新する

ESCはレーダーの信号などを傍受して、レーダーなどで使用していればほかのユーザーが同じ周波数を使わないように調整する

ESC (Environmental Sensing Capability)衛星受信局

ESCのカバー範囲

SAS

SAS (Spectrum Access System)データベース

Incumbent Access (IA)政府、既存ユーザー — 利用エリアでは干渉から完全に保護

Priority Access License (PAL) — ほかのPAL及びGAAの干渉から保護　既存ユーザへの干渉の回避義務

General Authorized Access (GAA) — 干渉からの保護はなく、ほかのユーザからの干渉を受けることが前提

[プログラム可能なネットワーク]

64 用途・目的に合わせてネットワークを利用する

**このレッスンの
ポイント**

ユーザーの要求に見合ったネットワーク機能をオーダーメイドで切り出したり、ネットワーク機能をユーザーが直接操作して利用したりするなど、これからのネットワークは大幅にカスタマイズが可能となることが期待されます。

◯ 希望に応じたネットワークスライス設定

レッスン34で紹介したネットワークスライシングは、すでに4Gで規定されていますが、5G以降に本格化すると期待されます。そのため、通信事業者自身やユーザーの要求条件、たとえばスループットや遅延、アベイラビリティなどに応じて、自動的にスライスを設定できる 図表64-1 のようなしくみが考えられています。スライス自動設定プログラムは、要求条件が入力されるとRANやCNの各装置や機能の物理的な場所を選択し、必要なリソースを確保します。

▶ ネットワークスライスの自動設定 図表64-1

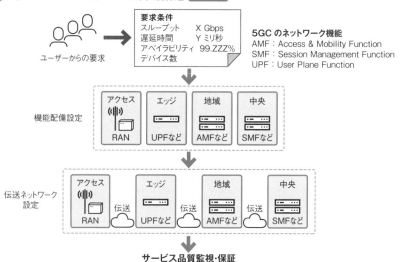

ネットワークスライスを設定したあと、利用状況を監視して問題がないかチェックするしくみもある

○ アプリからネットワークの機能を利用

5Gのコアネットワーク（5GC）では、ネットワークエクスポージャー機能（NEF ＝ Network Exposure Function）が規定されています（**図表64-2**）。これは、ネットワークの持つ機能を外部のアプリから利用できるように開放する切口に相当します。この切口は、API（Application Programming Interface）と呼ばれる、ソフトウェアプログラムがアクセスして利用できる形になっています。たとえば、スマートフォンがネットワークを利用するときのユーザー認証はSIMカードを用いて行いますが、この認証機能をアプリでも利用できればアプリとしての認証が省略でき、いわばシングルサインオンが実現できます。この際、NEFとしてネットワークの持つ認証の機能を利用します。またルーティング（データが通る経路）の機能が開放されれば、特定のトラフィックを動的にエッジサーバーにルーティングして、遅延時間の要件の厳しいアプリに対応するような制御が可能です。どのような機能を準備し外部に開放するかは、セキュリティ面なども考慮したうえでMNOが決めることになります。

IoTでもNEFが利用でき、たとえばゲリラ豪雨や雹、吹雪などで高速道路の一部を通行止めする際に、交通管制センターからデバイストリガーの機能を利用して特定のエリアのサインボードに一斉に警報表示をするような使い方もあります。川に設置した水位・水質モニターからある一定の水位や汚染度を超えた場合にイベントモニターの機能を利用して河川管理センターにアラームを送ることも可能です。

今後、多くの機能が開放されれば実質的にプログラム可能なネットワークが実現し、ネットワーク自体のプラットフォーム化が進むでしょう。

▶ ネットワークエクスポージャーの利用 　図表64-2

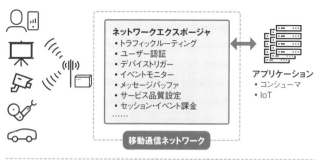

ネットワークエクスポージャーは、まずはデバイスの操作やデータ収集など、IoTでの利用から実用化されている

65

通信と放送の境界がなくなる

このレッスンの
ポイント

移動通信ネットワークを使って、特定のエリアの多数の端末に一斉に情報を送ることが可能です。今後、このような機能を拡張して放送型のサービスが広く提供されると、通信と放送の境界がなくなるかもしれません。

○ 移動通信ネットワークを用いた放送

地震や津波が発生すると、私たちの携帯電話に緊急速報メッセージが一斉に配信されます。これはレッスン11で説明した、基地局のカバレッジ内にいる全端末に一斉に情報を送るページング信号を使っていますが、移動通信ネットワークにはこれと似たしくみで、データ用のチャネルを使って複数端末に一斉に情報を送るMBMS（Mutlimedia Broadcast Multicast Services）という機能もあり、米国やオー

ストラリアではスポーツやライブイベントのビデオ配信で使われています。これを用いると、契約をしたユーザーに放送のように一斉にビデオ配信が行われ、多くの人に同じコンテンツを送る場合に、無線ネットワークを効率よく利用できます（図表65-1）。TV放送のインターネット同時配信においても、スマートフォンなどへの配信にはMBMSのしくみが使える可能性があります。

▶ 個別配信と一斉配信の違い 図表65-1

ユーザーごとの情報配信

- ユーザーごとにデータチャネル設定
- 無線の容量制限があり同時利用データ量に制限
- 時間、場所、内容に制限なし

個々のユーザーに個別に情報を提供

放送型の一斉情報配信

- コンテンツごとにチャネル設定
- ユーザー数に制限なし、チャネル数には制限
- 混雑エリアに、人気コンテンツを一斉配信

コスト効率よく複数ユーザーに情報提供

⭕ 5Gを用いて通信と放送が一体化する

2018年2月に韓国で行われた冬季オリンピックのクロスカントリースキーや、2019年9〜11月に日本で行われたラグビーワールドカップのTV中継を見た人も多いでしょう。このとき、コースや競技場に複数置かれたカメラの4K映像がトライアルやプリコマーシャルの5Gを用いて無線でスタジオに送られ、公式映像として用いられました。

従来、カメラの映像をリアルタイムで送る際には、カメラまで光ファイバーでつなぐか、FPU（Field Pickup Unit）という無線伝送装置を使っていましたが、これらの準備には多くの時間を要しています。5Gを使うことにより、どこでも手軽にカメラを設置したり、移動したりできるようになります。5Gのサービスエリア内であれば、ゴルフやマラソンなどのTV中継もカメラをコース上で自由に移動でき機動力が飛躍的に高まります。

このようにして得られた映像は5Gネットワークを経由してクラウドやスタジオに送られます。たとえば、ソニーのバーチャルプロダクションサービスを利用すれば、クラウド上で複数のカメラの映像を自動的に加工して1つの映像としてストリーミング配信できます。これを5Gネットワークに折り返せば、MBMSを利用してユーザーのスマートフォンに放送型のサービスが提供できます。また、放送局スタジオで加工して、放送に使ったりインターネット配信もできます（**図表65-2**）。従来、通信と放送は利用する無線周波数もシステムも異なり、まったく別物でした。それが、5G以降大きく変わり、移動通信ネットワークが放送のために広く利用されていく可能性があります。ネットワークスライシングにより、MNOのネットワークの中に放送ビジネス用に特化したスライスが形成され放送局に利用される可能性もあります。

▶ **放送型サービスでの5Gの利用** **図表65-2**

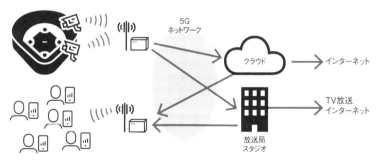

カメラから直接5Gネットワークでクラウドやスタジオに送信

[人工知能(AI)、機械学習(ML)の利用]

66 自動化による省力化とネットワークの高効率化

このレッスンの
ポイント

ネットワーク設計の最適化やユーザーのサービス満足度の向上、運用支援など、移動通信ネットワークでも人工知能（AI）や機械学習（ML）が幅広く利用される可能性があります。ここでは、これからのAIやMLの役割を見てみましょう。

● 無線ネットワーク設計の最適化

ネットワークの設計では、すでに人工知能（AI）を利用した事例が出てきています。たとえば、ソフトバンクの無線ネットワークの最適設計が挙げられます。ソフトバンクの無線ネットワークは過去の合併吸収などの経緯もあり、基地局の配備が非常に複雑です。基地局間でキャリアアグリゲーション（CA）によって周波数を束ねて利用するには、相互の距離がある範囲内に入っているなどの条件を満たす必要がありますが、都市部の基地局は高密度で配備されており、どの基地局同士をCAで束ねるのが最適かは非常に複雑な問題です。そこで、SNSの人間同士の関係の強さを表すグラフの手法を利用して、距離やユーザーの動線の統計データなどの情報から基地局間の関係の強さを数学的に表現し、AIを用いて最適な組み合わせを導き出しました（図表66-1）。人手で行うよりもはるかに短い時間で処理を行え、実際にネットワークの運用に使っています。

▶ AIを用いた無線ネットワークの設計例 図表66-1

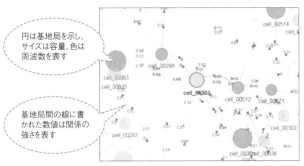

円は基地局を示し、サイズは容量、色は周波数を表す

基地局間の線に書かれた数値は関係の強さを表す

出典：エリクソンPR「エリクソン、ソフトバンク向け機械学習型ネットワーク設計を開発」、2018年5月16日

基地局が密に配備された都市部のネットワークの最適設計も、AIを利用すれば手軽に行える

● モバイルネットワークの運用を効率化する

今後、ネットワークが複雑化しサービスが多様化する中で、運用の自動化による効率化、サービスレベルの保証などの観点から、モバイルネットワークにおいてはAIや機械学習の活用シーンが増えると予想されます。たとえば、無線アクセスネットワークでは、ユーザーが使っていない無線装置を自動検出して不活性状態にするといった基地局での消費電力の削減、ドローンなどを用いた映像によるアンテナシステムの自動監視、異常を自動検出・復旧するセルフヒーリングなどの運用支援の分野での応用があります。また、高い周波数でのビーム選択の最適化、ユーザーの動線を予測した最適なハンドオーバーなど、ユーザーのサービス品質を向上するという面での応用もあります。複数ある周波数の間で利用状況に応じて、通信トラフィックの負荷を最適に配分するというような応用はLTEでもすでに実用化されています（図表66-2）。

コアネットワークに関してもこれらのテクノロジーを活用できます。たとえば企業などのユーザーの要求条件に応じて最適なネットワークスライスを動的に割り当てたり、スライスで提供しているサービスが要求条件を満足するように、たとえばより大きな通信速度を処理できる伝送路などのリソースを割り振る処理などではAIが大きな役割を果します。また、無線ネットワークのAI機能により端末の位置を正確に推定することも考えられます。セキュリティ面では、コアネットワーク内での処理やデータの流れを分析してウイルス侵入などの脅威を検出し排除するような処理への応用もあります。

無線ネットワークとコアネットワークを通して、通信速度や遅延などのユーザーへのサービスレベルをモニターし、問題点の分析に基づき将来のネットワーク設計に役立てるという場面でもAIや機械学習は欠かせません。

▶ AI/MLの利用分野例 図表66-2

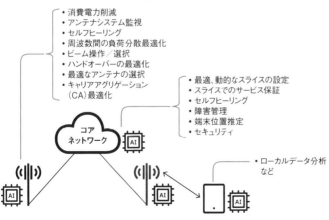

- 消費電力削減
- アンテナシステム監視
- セルフヒーリング
- 周波数間の負荷分散最適化
- ビーム操作／選択
- ハンドオーバーの最適化
- 最適なアンテナの選択
- キャリアアグリゲーション（CA）最適化

- 最適、動的なスライスの設定
- スライスでのサービス保証
- セルフヒーリング
- 障害管理
- 端末位置推定
- セキュリティ

コアネットワーク

AI

- ローカルデータ分析など

AIは無線ネットワークやコアネットワーク、さらに端末でも広く利用されるようになる

[移動通信のこれから]

5Gを超えて進化する移動通信

このレッスンの
ポイント

携帯電話、スマートフォンは私達の生活になくてはならないものになりました。これからは、人が使うだけではなくさまざまな産業で移動通信が不可欠なものになってきます。将来の移動通信の一端を見てみましょう。

○ つながることにより変わるモノの定義

同じモノでもネットワークとつながることで、その役割が大きく変わります。たとえば、自動車がインターネットとつながることで最新の地図情報を利用でき、道路の混雑状況や凍結でスリップしやすい場所、駐車場の場所や空き情報が得られます。これにより、目的地への所用時間が短縮され、事故が減り、駐車場所を探す手間がなくなります。道路も、インターネットにつながることで、カメラの映像を分析してドライバーに最新の道路状況や障害物の存在を知らせたり、振動センサーにより道路の傷み具合を把握したりできます。これにより、自動車や道路の役割がいわば「再定義」されることになります。

5Gで、産業用も含めてさまざまなモノがつながることが当たり前になっていくと想定されますが、これによってそのモノの役割が根本的に変わる可能性があります。5Gより先のネットワークではこのような傾向がさらに強まり、あらゆるモノがつながることによりデジタルトランスフォーメーションが促進されます。

人もスマートフォンなどを介してネットワークとつながることにより、さまざまな情報が即座に得られ、考え方や行動パターンが変わったのではないでしょうか。やがて、通信モジュールとプロセッサーがチップとして人体に埋め込まれて、本当の意味で「つながった人間」が当たり前になり、人自体が再定義される可能性もあります。SFの世界のような話ですが、それ程遠くない将来に実現するのかもしれません。

衛星通信や光通信も視野に進化する移動通信

あらゆるモノがどこでもつながるためには、地上に設置した基地局だけでは限界があります。たとえば、自動車が走行する道路は人が住んでいないところにもありますが、そういうところにはあまり基地局が設置されていません。それでは、自動車も道路もつながることによる恩恵を得られません。そこで、道路だけではなく山の中や海の上も視野に入れて導入が進んでいるのが、移動衛星や無人航空機を利用した移動通信です。

象徴的な取り組みにワンウェブ（OneWeb）があります。これは、地上1,200kmの軌道に数百基の低軌道移動衛星を投入して、専用の無線周波数により、全世界に下り最大200Mbps、上り最大50Mbps程度の通信サービスを提供するというものです。基地局やコアネットワークに相当する設備は地上にあり、衛星を経由して私たちが利用する端末につながります。

一方、地上約20kmの成層圏で、HAPS（High-Altitude Platform Station）と呼ばれる無人航空機を利用して、直径200km程度の範囲で地上の移動通信と互換性のある移動通信サービスを提供しようとする計画があります。HAPSは約80mもの長さがあり、一定の軌道で定点旋回しています。基地局は航空機上にあり、コアネットワークそしてインターネットへ接続する地上のゲートウェイとの通信には専用の周波数を利用します。地上の端末とHAPSの間は片道の伝搬遅延が0.3ミリ秒程度であり、地上の基地局と大きな差がありません。HAPSを利用した移動通信では、私たちが普段利用しているスマートフォンなどをそのまま利用できます（**図表67-1**）。

通信データを送る媒体として、100GHz以上などの高い周波数の無線に加えて、将来は可視光を含む光を利用する可能性についても検討が進んでいます。街灯や信号機、屋内のLED電球など、見通し可能な範囲内であれば高速通信を実現できる可能性があります。このように、さまざまな形態の通信が進化することにより、移動通信のさらなる発展が期待されます。

▶ 移動衛星や無人航空機を利用した移動通信 **図表67-1**

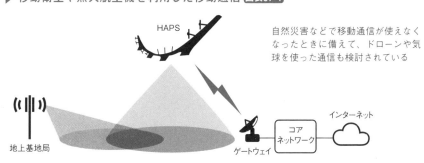

HAPS

自然災害などで移動通信が使えなくなったときに備えて、ドローンや気球を使った通信も検討されている

インターネット

地上基地局　　ゲートウェイ　コアネットワーク

⚠ COLUMN

ネットワークがセンサーに（Network as a sensor）

NTTドコモは2009年から10年近く、基地局サイトにセンサーを付けて花粉の飛散量、紫外線の照度や気象情報などを自動的に測定、蓄積し、企業や自治体へリアルタイムに情報提供する事業を運営していました。MNOの基地局は全国に広く設置されているので、このようなサービスができるのです。一方で、基地局にセンサーを付けるのではなく、基地局のサービスエリアにたくさんのセンサーを配備してネットワークを使ってデータを集めることも可能です。実際、米国では放射性物質や化学物質を検知するセンサーを街中に設置して5Gネットワーク使ってデータを収集し、事故防止などに役立てるといった取り組みを進めています。周辺の動画を組み合わせることもできます。センサーの電力を太陽光や風力を用いた環境発電や電磁誘導発電を用いれば、電池が不要のゼロエネルギーデバイス

が実現でき、故障しない限り使い続けられます。

一方、基地局のバックホールにマイクロ波を使っている場合には、マイクロ波の減衰量から雨量を測定可能です。このように移動通信ネットワークやスマートフォン、デバイスがさまざまなセンサーの役割を果すことができ、今後の利用が期待されます（図表67-2）。少し主旨が違いますが、NTTドコモは自社のネットワークが持っているユーザーの位置情報に基づく「国内人口分布統計」をデータとして販売するサービスを始めています。基地局へのアクセス情報などに基づき、各時点でどの程度の数の人が日本全国のどのエリアにいるかというのを把握し、10分単位のリアルタイムで提供するものです。ドコモのユーザーを匿名化して数えているサービスですが、統計的には精度の高い情報になります。

▶ 移動通信ネットワークがセンサーに 図表67-2

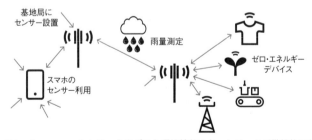

基地局にセンサー設置

雨量測定

スマホのセンサー利用

ゼロ・エネルギーデバイス

Network as a sensorとして、さまざまな環境情報をネットワークが継続的に収集する

あとがき

本書は5Gの入門書として、5G技術の概要やネットワークのしくみ、アプリケーションの可能性について解説しました。5Gはさまざまな分野の産業界での利用も想定していますが、通信以外の分野の方々にも5Gの可能性を理解していただけたのではないでしょうか。

5Gの技術的な内容についてさらに深く学ぶためには、インプレス社の『5G教科書』（服部武、藤岡雅宣編著）がおすすめです。さらに、5Gの無線ネットワークやコアネットワーク、端末の詳細仕様について理解するには3GPPの仕様書が役立ちます。5Gのビジネスへのインパクトについては、日本経済新聞社などからいくつか書籍が出版されています。また、さまざまな雑誌やウェブサイトの5G関連記事も参考になります。

移動通信は5Gがゴールというわけではなく、産業界での本格的な利用という意味では、5Gは出発点にすぎません。5G自体の進化も続きますが、5G以降も移動通信の発展は継続し、利用の仕方もどんどん広がっていくと考えられます。ぜひ、5Gを使っていただいて、こんなところに問題がある、こんな風に改善すればよいというような御意見がいただければ、今後の進化につながるのではないかと期待します。

なお、本人の希望で執筆協力という形になりましたが、本書の第2～4章はエリクソン・ジャパンの上坂和義氏に執筆してもらいました。したがって、実質的に本書は共同執筆になっています。他章の内容に有益なコメントをいただいたことを含めて、感謝します。

また、本書は自動車業界に造詣の深いUKコンサルタント社浮穴浩二氏（元パナソニック）から、5G技術の解説書を書いてはどうかと御示唆いただいたことがきっかけで、通信業界以外の人にも理解できる本の必要性を感じ執筆しようと思いました。火つけ役となっていただき、深く感謝します。

最後に、ハードスケジュールの中、精力的に編集作業を進めていただいたインプレス社の田淵豪様、リブロワークス社の大津雄一郎様をはじめとする皆様に、心から感謝申し上げます。また、日頃御指導いただく上智大学の服部武教授、仕事を通していろいろと御教授いただくエリクソン・ジャパンの小田稔周氏、本多美雄氏、村井英志氏、野地真樹氏、鹿島毅氏をはじめとする皆様、そして本書の執筆に協力してもらった家族に感謝します。

藤岡雅宣

用語集

数字・アルファベット

3GPP(3rd Generation Partnership Project)
世界の通信事業者やベンダーによる移動通信関連の技術仕様の標準化団体。

5G-ACIA(5G Alliance for Connected Industries and Automation)
製造業やプロセス産業における5G応用の可能性を検討する団体。

5GAA(5G Automotive Association)
自動車における5G応用の可能性を検討する団体。

5GC(5G Core Network)
3GPPで規定された5G移動通信ネットワーク向けコアネットワーク。

AAS(Active Antenna System)
無線装置と複数のアンテナ素子が一体化した無線装置。各アンテナ素子から送信する信号の大きさやタイミングを制御できる。

AECC(Automotive Edge Computing Consortium)
自動車における5G応用、特にエッジコンピューティングの可能性を検討する団体。

AGV(Automated Guided Vehicle)
自動走行車。無人搬送車とも呼ばれ、工場や倉庫などで物品の搬送などに使用される。

AMF(Access and Mobility Management Function)
接続・移動管理機能。5GCの制御プレーンに含まれる機能の1つで、端末の登録や移動管理を担当。

AR(Augmented Reality)
拡張現実。現実の映像に人工的な映像を重ね合わせる技術。

C-RAN(Centralized RAN)
集中型RAN。収容局などに1か所にまとめて設置されたベースバンド装置を使い、複数の場所に設置された無線装置を制御する無線アクセスネットワーク。

CA(Carrier Aggregation)
複数の周波数帯域幅を同時に使用して信号を送受信することで高速通信を実現する技術。

CN(Core Network)
コアネットワーク。移動通信ネットワークの構成要素で、加入者情報管理や外部ネットワークとのデータのやりとりを担当。

CU(Central Unit)
集約ユニット。ベースバンド装置の一部で、コアネットワーク側に配置される装置。

DSS(Dynamic Spectrum Sharing)
LTEとNRが共通の周波数帯域幅を時間で切り替えて使う技術。

DU(Distributed Unit)
分散ユニット。ベースバンド装置の一部で、無線装置側に配置される装置。

eMBB(Enhanced Mobile Broadband)
モバイルブロードバンドの高度化。

EPC (Evolved Packet Core)
3GPPで規定された4G移動通信ネットワーク向けコアネットワーク。NSAでも使用される。

eSIM (Embedded Subscriber Identity Module)
組み込み型SIM。スマートフォンやIoT端末内の一機能として実現されたSIM。

FMC (Fixed Mobile Convergence)
固定通信と移動通信の融合。

FWA (Fixed Wireless Access)
固定無線アクセス。家庭やオフィスなどへの固定アクセスに移動通信用無線を用いる。

GNSS (Global Navigation Satellite System)
衛星を利用した位置を推定するシステムの総称。GPSや準天頂衛星などもGNSSに含まれる。

HAPS (High-Altitude Platform Station)
地上20キロメートル程度の成層圏を周回飛行する無人航空機。

HSS (Home Subscriber Server)
ホーム加入者サーバー。EPCの制御プレーンに含まれる機能の1つで、アタッチ時の認証を行う。

IMSI (International Mobile Subscriber Identity)
イムジ。全世界で加入者を一意に識別する番号。SIMに格納されている。

IoS (Internet of Skills)
人間同士、または人間と機械やロボット間の距離を埋め、同じ物理空間に存在するかのような没入感を実現する技術。

IoT (Internet of Things)
車や機械などのさまざまなモノに通信機能をつけて社会全体の効率化を計る。

ITS (Intelligent Transport System)
高度道路情報システム。

LAA (Licensed-Assisted Access)
免許不要帯域を免許帯域と束ねてより高速な通信を提供する技術。

LBT (Listen Before Talk)
電波が使用されていないことを確認してから送信することで、送信信号の衝突を避けるしくみ。免許不要帯域など不特定のユーザーが周波数を使用する場合に使用される。

LPWA (Low Power Wide Area)
低消費電力で広域な通信。センサーやメーターなどが、比較的小さいデータをサーバーに送信する用途などに使用される。

LTE (Long Term Evolution)
4G向け無線アクセス技術であるLTE-Advancedのベースとなる無線アクセス技術。3.9Gとも呼ばれる。

LTE-Advanced
3GPPで規定された4G向け無線アクセス技術。MIMOやCAにより1Gbpsを超える最大下り通信速度を実現。

LTE-M
LTEを使ったMTC向け通信規格。端末が移動することも考慮された、一般的なIoT端末向けの規格。

MaaS (Mobility as a Service)
スマートフォンのアプリなどで出発地と目的地、希望時刻などを入力すると、さまざ

まな移動手段をうまく組み合わせて移動を
サポートしてくれるサービス。

MBMS(Multimedia Broadcast Multicast Services)

データ用のチャネルを使い、複数の端末に
一斉に情報を送る技術。

MIMO(Multiple Input Multiple Output)

複数の送受信アンテナを使い信号を送信す
る技術。ある特定の端末に向けて電波を送
信したり、複数の情報を別々のアンテナか
ら送信して通信速度を上げたりすることが
できる。

MME(Mobility Management Entity)

移動管理装置。EPCの制御プレーンに含ま
れる機能の1つで、端末の登録や移動管理、
セッション管理などを担当する。

mMTC(Massive Machine Type Communications)

メーターやセンサーなど大量のデバイスを
利用するIoT。

MNO(Mobile Network Operator)

移動通信事業者。移動通信システムのネッ
トワークを構築、運用して移動通信サービ
スを提供する。通常、全国規模でサービス
を提供する事業者を指す。

MR(Mixed Reality)

人工的に作成された映像に、現実の映像を
重ね合わせる技術。

MVNO(Mobile Virtual Network Operator)

仮想移動通信事業者。MNOのネットワーク
を利用して移動通信サービスを提供する移
動通信事業者。

NB-IoT(Narrowband Internet of Things)

LTEを使ったMTC向け通信規格。移動せず、
送受信データサイズも小さいIoT端末向けの
規格。

NEF(Network Exposure Function)

ネットワークエクスポージャー機能。外部
のアプリから5GCの持つ機能を利用できる
ように解放する切り口。

NFV(Network Functions Virtualization)

ネットワーク機能仮想化。汎用サーバー上に
仮想化環境を構築し、その上でコアネットワ
ークやベースバンド機能を実現すること。

NR(New Radio)

3GPPで規定された5G向け無線アクセス技術。
20Gbpsの最大下り通信速度、0.5ミリ秒未満
の低遅延通信に対応。

NSA(Non Standalone)

移動制御などの制御プレーンにLTEを使い、
データ通信にはNRを使用するネットワーク
構成。コアネットワークにはEPCを利用する。
4Gから5Gへの移行初期に使われる。

OneWeb

高度1,200km程度の低軌道移動衛星によって
全世界に下り最大200Mbps、 上り最大
50Mbps程度の通信サービスを提供する構想。

P-GW(Packet data network Gateway)

パケット・ゲートウェイ。EPCのユーザープ
レーンに含まれ、外部のインターネットなど
とのデータ通信を担当。PDN-GWとも呼ばれる。

PLC(Programmable Logic Controller)

事前にプログラムされた順序に従って機械
を制御する装置。

QoS (Quality of Service)

通信速度、遅延時間、信頼性といったサービスの品質。

RAN (Radio Access Network)

無線アクセスネットワーク。移動通信ネットワークの構成要素で、電波を使い移動する端末と通信を行い、コアネットワークとのデータのやりとりを行う。

RAT (Radio Access Technology)

無線アクセス技術。端末とRANが無線を使って通信するときに使用される技術。代表的なRATとしてLTE/LTE-AdvancedやNRがある。

RTK (Real Time Kinematic)

GNSSを受信可能な屋外で、さらに数センチメートル程度の誤差で位置を推定する技術。

S-GW (Serving Gateway)

サービング・ゲートウェイ。EPCのユーザープレーンに含まれ、複数の基地局が接続されている。ハンドオーバー時の基地局切り替えなどを担当。

SIM (Subscriber Identity Module)

コアネットワークにアタッチするときに必要な情報が収められたモジュール。ICチップの形状で提供されているものはSIMカードと呼ばれる。

SMF (Session Management Function)

セッション管理機能。5GCの制御プレーンに含まれる機能の1つで、ユーザープレーンのセッション管理を担当。

Society 5.0

AIやビッグデータ解析などの高度な技術を用いて、経済発展と社会的課題の解決を両立する構想。

TSN (Time Sensitive Networking)

高精度な時刻同期と低遅延性を保証するネットワーク技術。

UDM (Unified Data Management)

統合化データ管理機能。5GCの制御プレーンに含まれる機能で、加入者情報を管理する。

UPF (User Plane Function)

ユーザープレーン機能。5GCのユーザープレーンに含まれる機能で、ユーザーデータ処理を行う。

URLLC (Ultra-Reliable & Low Latency Communications)

超高信頼・超低遅延通信。

V2X (Vehicle-to-X)

自動車がその周りのモノと通信する際のシステムの総称。V2V（Vehicle-to-Vehicle、車々間）、V2I（Vehicle-to-Infrastructure、路車間）、V2P（Vehicle-to-Pedestrian、歩行者との間）、V2N（Vehicle-to-Network、ネットワークへの接続）などをまとめたもの。

VoLTE (Voice over LTE)

4G移動通信ネットワークを使った音声通話専用のサービス。

VoNR (Voice over NR)

5G移動通信ネットワークを使った音声通話専用のサービス。

VR (Virtual Reality)

仮想現実。人工的に作成された映像をディスプレイに映して、実際にその場にいるような体験ができる技術。

ア

アタッチ
コアネットワークへの登録手続き。

移動通信システム
無線を用いて、移動しながらでも継続して通信できるしくみ。

インフラシェアリング
複数の通信事業者が、無線設備の設置場所やRAN/CNなどのネットワーク設備を共用すること。

ウェアラブル
スマートウォッチ、スマートグラスなど身につけられるデバイス。

エッジコンピューティング
ユーザープレーン機能とサーバーをRANの近くに設置し、低遅延通信を実現する技術。

サ

自営ネットワーク
公衆用ではなく、自治体や企業が特定の目的のために構築したネットワーク。

周波数帯域幅
同時に送信する周波数の範囲。バンド幅やスペクトルとも呼ばれる。

ジョイント送受信
複数の端末がデータを共同で送受信することにより、高速なデータ通信を実現する技術。

スマートシティ
情報通信技術を活用してシステムの管理や運営を総合的に行い、持続可能な都市を構築する構想。

制御プレーン
データ通信を行うために必要となる制御処理。移動通信ネットワークの場合、端末の登録や端末呼び出し、移動管理、セッション管理など。

セル
1台の基地局がサポートする通信エリアのこと。

セルサーチ
端末がRANの電波を探す処理。

ゼロタッチネットワーク
人手を介さずに、目的に合ったネットワークを構成し、ネットワークを運用すること。

タ

地域移動通信事業者（地域MNO）
全国規模ではなく、ある特定の地域（市や町など）で周波数免許を取得し、移動通信サービスを提供する事業者。

デジタル・ツイン
現実のフィジカル空間をコンピューター上の仮想的なサイバー空間にマッピングし、現実社会の問題の解決策を見つけ出す技術。

デジタルトランスフォーメーション
デジタル化により産業や公共事業の効率化、それに新たな価値を創造しようとする試み。

トラフィック
ネットワーク上で送られる通信データの流れ。

ナ

ネットワークスライシング
同じネットワークを使いながら、端末やアプリごとにQoSが異なる通信路（スライス）を個別に実現する技術。

ハ

パケット交換方式
データや音声を小さなビット列（パケット）に分割して送信する技術。

バックホール
Backhaul。無線基地局とCNをつなぐ回線。

ハプティックフィードバック
機械操作などで人が得た触覚情報を、離れたところにリアルタイムに伝達すること。

ハンドオーバー

端末が別の基地局の通信エリアに移った場合に、基地局を切り替えて通信を継続すること。

ビームフォーミング

アンテナから飛ばす電波をビーム状に絞り込み、ある特定の場所や端末に向けて送信する技術。

ブロードキャスト

特定のエリアにある全端末を対象にして同じ信号を送信すること。

フロントホール

Fronthaul。無線装置とベースバンド装置をつなぐ回線。

ページング信号

移動通信ネットワークから端末に向けて送られる呼び出し用の信号。

ベースバンド装置

無線基地局の構成要素。無線装置から受け取った端末からの信号をコアネットワークに送信、またその逆の処理を行う装置。

マ

マッシブMIMO

数10から1,000本の多数の送信アンテナを使い電波を送信する技術。

ミリ波

波長が1センチメートル未満の電波のこと。厳密には30GHzより高い周波数の電波をミリ波と呼ぶが、5Gで使用する28GHzもミリ波と呼ばれる。

無線装置

無線基地局の構成要素。アンテナが受け取った電波から信号を取り出しベースバンド装置に送信、またその逆の処理を行う装置。

免許帯域

国から周波数免許を受けることで独占的に使用できる周波数帯域。免許を受けるには、日本では電波利用料の納付や無線技術士の配置が必要。

免許不要帯域

一定の技術的な基準を満足すれば、免許がなくても利用できる周波数帯。Wi-FiやBluetoothなどが使用する。

モデム

通信端末が移動通信ネットワークに接続して通信を行うために必要な通信用プロセッサー。無線処理部とベースバンド処理部から構成される。

モバイルブロードバンド

移動通信ネットワークを用いたブロードバンド（広帯域）サービス。

ヤ

ユーザープレーン

ネットワークにおける、ユーザーデータの送受信処理。

ユニキャスト

ある特定の端末を対象にして信号を送信すること。

ユビキタス無線アクセス

ビル影や地下などでも、高速通信を途切れなく提供できるようにすること。

ラ

リファーミング

周波数の使い方を見直して再編すること。たとえば、LTEの使っている周波数帯でNRが使えるようにすることなど。

索引

● スタッフリスト

カバー・本文デザイン	米倉英弘（細山田デザイン事務所）
カバー・本文イラスト	東海林巨樹
撮影協力	渡　徳博（株式会社ウィット）
DTP	株式会社リブロワークス
デザイン制作室	今津幸弘
	鈴木　薫
制作担当デスク	柏倉真理子
執筆協力	上坂和義（エリクソン・ジャパン株式会社）
編集	大津雄一郎（株式会社リブロワークス）
編集協力	浦上諒子
副編集長	田淵　豪
編集長	藤井貴志

■商品に関する問い合わせ先
インプレスブックスのお問い合わせフォームより入力してください。
https://book.impress.co.jp/info/
上記フォームがご利用頂けない場合のメールでの問い合わせ先
info@impress.co.jp
● 本書の内容に関するご質問は、お問い合わせフォーム、メールまたは封書にて書名・ISBN・お名前・電話番号
と該当するページや具体的な質問内容、お使いの動作環境などを明記のうえ、お問い合わせください。
● 電話やFAX等でのご質問には対応しておりません。なお、本書の範囲を超える質問に関しましてはお答えでき
ませんのでご了承ください。
● インプレスブックス（https://book.impress.co.jp/）では、本書を含めインプレスの出版物に関するサポート情
報などを提供しておりますのでそちらもご覧ください。

■落丁・乱丁本などの問い合わせ先
TEL 03-6837-5016
FAX 03-6837-5023
service@impress.co.jp
（受付時間／ 10:00-12:00、13:00-17:30 土日、祝祭日を除く）
● 古書店で購入されたものについてはお取り替えできません。

■書店／販売店の窓口
株式会社インプレス 受注センター
TEL 048-449-8040
FAX 048-449-8041
株式会社インプレス 出版営業部
TEL 03-6837-4635

いちばんやさしい 5G（ファイブジー）の教本（きょうほん）
人気講師が教える新しい移動通信システムのすべて

2020 年 1 月 21 日　初版発行

著　者	藤岡雅宣（ふじおかまさのぶ）
発行人	小川 亨
編集人	高橋隆志
発行所	株式会社インプレス
	〒 101-0051 東京都千代田区神田神保町一丁目 105 番地
	ホームページ https://book.impress.co.jp/
印刷所	音羽印刷株式会社